周 期 表

			第13族	第14族	第15族	第16族	第17族	1s² 気 He(-269) 絶
			₅B 非 ホウ素 [He]2s²2p¹ 固[2180] 半	₆C 非 炭素 [He]2s²2p² 固ダイヤモンド 絶グラファイト 23	₇N 非 窒素 [He]2s²2p³ 気 N₂(-196) 絶	₈O 非 酸素 [He]2s²2p⁴ 気 O₂(-183) 絶	₉F 非 フッ素 [He]2s²2p⁵ 気 F₂(-188) 絶	₁₀Ne 非 ネオン [He]2s²2p⁶ 気 Ne(-246) 絶
			₁₃Al 金 アルミニウム [Ne]3s²3p¹ 固[660] 400	₁₄Si 非 ケイ素 [Ne]3s²3p² 固[1410] 半	₁₅P 非 リン [Ne]3s²3p³ 固 黒色；半, 黄色；絶	₁₆S 非 硫黄 [Ne]3s²3p⁴ 固	₁₇Cl 非 塩素 [Ne]3s²3p⁵ 気 Cl₂(-35) 絶	₁₈Ar 非 アルゴン [Ne]3s²3p⁶ 気 Ar(-186) 絶
第10族	第11族	第12族						
₂₈Ni 金 ニッケル [Ar]3d⁸4s² 固[1453] 161	₂₉Cu 金 銅 [Ar]3d¹⁰4s¹ 固[1083] 645	₃₀Zn 金 亜鉛 [Ar]3d¹⁰4s² 固[420] 182	₃₁Ga 金 ガリウム [Ar]3d¹⁰4s²4p¹ 液[29.8] 67	₃₂Ge 非 ゲルマニウム [Ar]3d¹⁰4s²4p² 固[937] 半	₃₃As 非 ヒ素 [Ar]3d¹⁰4s²4p³ 固[613 昇華] 半	₃₄Se 非 セレン [Ar]3d¹⁰4s²4p⁴ 固[221 分解] 半	₃₅Br 非 臭素 [Ar]3d¹⁰4s²4p⁵ 液 Br₂(59) 絶	₃₆Kr 非 クリプトン [Ar]3d¹⁰4s²4p⁶ 気 Kr(-152) 絶
₄₆Pd 金 パラジウム [Kr]4d¹⁰ 固[1554] 100	₄₇Ag 金 銀 [Kr]4d¹⁰5s¹ 固[962] 680	₄₈Cd 金 カドミウム [Kr]4d¹⁰5s² 固[321] 147	₄₉In 金 インジウム [Kr]4d¹⁰5s²5p¹ 固[157] 125	₅₀Sn 金 スズ [Kr]4d¹⁰5s²5p² 固[232] 88	₅₁Sb 金 アンチモン [Kr]4d¹⁰5s²5p³ 固[631] 26	₅₂Te 金 テルル [Kr]4d¹⁰5s²5p⁴ 固[450] 半	₅₃I 非 ヨウ素 [Kr]4d¹⁰5s²5p⁵ 固 I₂[114] 絶	₅₄Xe 非 キセノン [Kr]4d¹⁰5s²5p⁶ 気 Xe(-107) 絶
₇₈Pt 金 白金 [Xe]4f¹⁴5d⁹6s¹ 固[1772] 102	₇₉Au 金 金 [Xe]4f¹⁴5d¹⁰6s¹ 固[1064] 488	₈₀Hg 金 水銀 [Xe]4f¹⁴5d¹⁰6s² 液(357) 11	₈₁Tl 金 タリウム [Xe]4f¹⁴5d¹⁰6s²6p¹ 固[304] 67	₈₂Pb 金 鉛 [Xe]4f¹⁴5d¹⁰6s²6p² 固[328] 52	₈₃Bi 金 ビスマス [Xe]4f¹⁴5d¹⁰6s²6p³ 固[271] 7	₈₄Po 金 ポロニウム [Xe]4f¹⁴5d¹⁰6s²6p⁴ 固[254] 22	₈₅At 非 アスタチン [Xe]4f¹⁴5d¹⁰6s²6p⁵ 固[302] 人工放射性	₈₆Rn 非 ラドン [Xe]4f¹⁴5d¹⁰6s²6p⁶ 気 Rn(-62) 絶
₁₁₀Ds 金 ダームスタチウム 人工放射性	₁₁₁Re 金 レントゲニウム 人工放射性							

₆₄Gd 金 ガドリニウム [Xe]4f⁷5d¹6s² 固[1311] 7	₆₅Tb 金 テルビウム [Xe]4f⁹6s² 固[1360] 9	₆₆Dy 金 ジスプロシウム [Xe]4f¹⁰6s² 固[1409] 11	₆₇Ho 金 ホルミウム [Xe]4f¹¹6s² 固[1470] 11	₆₈Er 金 エルビウム [Xe]4f¹²6s² 固[1522] 12	₆₉Tm 金 ツリウム [Xe]4f¹³6s² 固[1545] 11	₇₀Yb 金 イッテルビウム [Xe]4f¹⁴6s² 固[824] 37	₇₁Lu 金 ルテチウム [Xe]4f¹⁴5d¹6s² 固[1656] 15
₉₆Cm 金 キュリウム [Rn]5f⁷6d¹7s² 固[1340] 人工放射性	₉₇Bk 金 バークリウム [Rn]5f⁹7s² 固[986] 人工放射性	₉₈Cf 金 カリホルニウム [Rn]5f¹⁰7s² 固[900] 人工放射性	₉₉Es 金 アインスタイニウム [Rn]5f¹¹7s² 人工放射性	₁₀₀Fm 金 フェルミウム [Rn]5f¹²7s² 人工放射性	₁₀₁Md 金 メンデルビウム [Rn]5f¹³7s² 人工放射性	₁₀₂No 金 ノーベリウム [Rn]5f¹⁴7s² 人工放射性	₁₀₃Lr 金 ローレンシウム [Rn]5f¹⁴6d¹7s² 人工放射性

物質の機能からみた

化学入門

杉森 彰 著

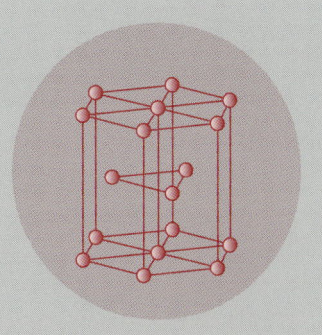

裳華房

Introduction to Chemistry for Understanding of Functional Materials

by

Akira Sugimori, Dr. Sci.

SHOKABO

TOKYO

JCOPY 〈(社)出版者著作権管理機構 委託出版物〉

まえがき

　本書は，化学を専門としない，しかし物質についての素養を必要とする理工系学生のための"化学入門"で，大学初年級の基礎課程（教養課程）向けの教科書・参考書として2003年に出版した拙著『物質の機能を使いこなす―物性化学入門―』をスリム化したものである．前著が2単位の授業には重すぎるというご意見が多いのを念頭に，内容に検討を加え，2色刷りにするとともに表題を新しくした．前著の基幹部分には変更を加えず，その特色をさらに徹底したものである．

　大学の基礎課程でも，化学に与えられる単位（授業時間）は著しく減っている．窮屈な授業時間のなかで，化学を専門としていない学生に興味を持ってもらえ，願わくは，そこで得たものを将来それぞれの専門分野で生かしてもらうことを考え，何回かの授業体験を踏まえて作り上げた．

　化学は，物質の構造，反応，合成，物性などを研究対象としている．化学のなかで一番面白いのは物質の変化（反応と合成）であろう．しかし，本書ではこれを取り上げず，物質の構造と機能性に絞った．化学を専門としない科学者・技術者は，化学者と相談し，意見・情報を交換するための基礎知識を持っていれば十分であり，モノ作りは化学者に任せればよいと考えるからである．

　本書は2部構成になっている．第1部は，物質構造の複雑化（電子（原子核）→ 原子 ―(結合)→ 分子 → 物質（原子・分子の集合体））はどんな仕組みで起こるのか？　また，それに伴って機能性（本書では，力学的特性，熱特性，電気特性，磁気特性，光特性を扱う）はどのように変わっていくか？　を問題とする．物質構造複雑化の論理を追求することは"化学"の正当な学習に他ならない．読者は，第1部の学習によって化学の基礎を身につけられることと思う．2単位の授業の場合では，第1部の学習だけでも十分ではないかと考えている．なお，第1部は前著のものにほとんど手を加えていない．

第 2 部では，第 1 部とは逆に物質の機能の側に立って物質構造との関連をみる．前著では，力学，熱，電気，磁気，光機能性の各々について，物質構造との関連を第 1 部との重複をいとわずに丁寧に解説したのだが，本書では，それぞれの機能性を見開き 2 ページずつの表形式に簡潔にまとめてそれに代えた．これに加えて，現代社会で重要な役割を果たしているいくつかの技術を選んでトピックス的に解説した．

　巻末には具体的な物質群について，物質例，それを構成する結合，物性，有害性，リサイクルの可能性などをまとめた表を載せた．理屈で筋を通した本文とは対照的に，化学の抱える豊かな物質の世界を感覚的に味わっていただきたいと思う．

　第 2 部では，化学の理解が身近な最新の科学・技術の理解に役立つことを知ってもらえるだろう．二つの表は，本書の復習にも，また社会に出てからの仕事にも役に立つことを期待している．

　本書は非化学系の学生を念頭に書かれたものではあるが，著者はまた，本書が化学を専門とする学生にとっても有意義であることを願っている．化学専攻の学生でも，本書のような切り口で化学を学んでいる人は多くはないであろう．しかし，物性から化学をみる視点はますます重要になってきている．

　本書ができるには，多くのかたがたのお世話になった．特に，時田澄男氏，時田那珂子氏には，原子軌道の基本と立体模型について親切に教えていただくとともに貴重なデータを頂戴した．ここにお礼を申し上げる．本書のもとになった『物質の機能を使いこなす―物性化学入門―』を作る際に大変お世話になった元裳華房編集部の亀井祐樹氏，また前著と本書の両方について，綿密な仕事で本作りをしてくださった裳華房編集部の小島敏照氏，山口由夏さんに感謝する．

2009 年 8 月

杉森　彰

目　次

第1部　物質の構造から機能をみる

第1章　モノを使いこなすとは

1・1　モノを賢く使う ……………2
1・2　この本で考えること ………3
練習問題 ……………………………5

第2章　物質構造の階層性と機能性

2・1　物質構造の階層性と化学 ……6
2・2　化学の進歩とは ………………7
2・3　物質構造の階層と機能の発現 ………………8
練習問題 ……………………………10

第3章　電子のプロフィール

3・1　電子のプロフィール ………11
3・2　電子が持つ機能性 …………13
練習問題 ……………………………15

第4章　原子のプロフィール

4・1　原子のプロフィール ………16
4・2　原子の中の電子の運動 ……18
4・3　量子力学の考え方 …………19
4・4　原子の中の電子の軌道 ……21
練習問題 ……………………………29

第5章　元素の周期律

5・1　原子の中の電子配置 ………30
5・2　電子配置と原子の性質 ……35
5・2・1　なぜ周期律が現れるのか …………………………35

5・2・2　周期表の族……………37
5・2・3　周期表の周期…………38
練習問題……………………………43

第6章　原子の機能性

6・1　原子の力学的特性…………44
6・2　原子の熱的特性……………44
6・3　原子の電気的特性…………46
6・4　原子の磁気的特性…………46
6・5　原子の光学的特性…………48
　6・5・1　光の放出……………48
練習問題……………………………51

第7章　結合のいろいろ

7・1　結合というもの……………52
7・2　イオン結合の
　　　プロフィール………………53
7・3　共有結合のプロフィール…54
　7・3・1　共有結合とは…………54
　7・3・2　共有結合と電子の軌道の
　　　　　変化……………………56
　7・3・3　結合性軌道と反結合性
　　　　　軌道……………………59
　7・3・4　シグマ結合とパイ結合…60
　7・3・5　共有結合の分極…………64
　7・3・6　配位結合………………65
7・4　金属結合のプロフィール…67
7・5　軌道の混成 ― 共有結合を
　　　さらに理解するために ―…68
　7・5・1　sp混成軌道……………69
　7・5・2　sp^2混成軌道…………72
　7・5・3　sp^3混成軌道…………74
　7・5・4　軌道の混成，結合の
　　　　　生成とエネルギー……75
練習問題……………………………76

第8章　結合が作り出すもの

8・1　ミクロからマクロへ………77
8・2　結合はどのような物質を
　　　生み出すか…………………78
　8・2・1　共有結合が生み出す物質
　　　　　………………………78
8・2・2　イオン結合が生み出す
　　　　物質……………………81
8・2・3　金属結合が生み出す物質
　　　　………………………82
8・3　結合はどのような機能を

　　　　　　　　　　　　　　　　　　　目　次　　　　　　　　　　vii

　　　　　生み出すか……………83
　　8・3・1　物質の力学的特性……83
　　8・3・2　物質の熱的特性………86
　　8・3・3　物質の電気的特性……89
　　8・3・4　物質の磁気的特性……92
　　8・3・5　物質の光学的特性……93
　練習問題……………………………95

第9章　気体，液体，固体，液体と固体のあいだ

9・1　気体，液体，固体の
　　　プロフィール……………96
　9・1・1　気体……………………97
　9・1・2　液体……………………97
　9・1・3　固体……………………99
9・2　気体，液体，固体によって
　　　決まる機能性…………100

9・3　液体と固体のあいだ
　　　—ガラスと液晶—………101
　9・3・1　ガラス…………………101
　9・3・2　液晶……………………104
9・4　アモルファス………………107
練習問題……………………………108

第10章　高分子化合物

10・1　高分子化合物の種類と
　　　　成り立ち……………109
10・2　高分子化合物の構造……112
10・3　高分子化合物の性質はどの
　　　　ようにして決まるか…113

10・4　高分子化合物が持つ機能
　　　　………………………115
10・5　炭素繊維とガラス繊維
　　　　………………………116
10・6　ポリマーアロイ…………119
練習問題……………………………119

第11章　セラミックスとセメント，合金

11・1　セラミックスとガラス，
　　　　セメントの特性………120
　11・1・1　セラミックスとガラス
　　　　　……………………120
　11・1・2　セメント……………121

11・2　成分による特性の変化
　　　　—ケイ素や金属の酸化物と新素材—
　　　　………………………122
　11・2・1　ケイ素や金属の酸化物の
　　　　　構造と特性………122

viii　　　　　　　　　　　目　次

11・2・2　ニューガラスとファイン
　　　　　セラミックス ……124
11・2・3　金属の酸化物が示す
　　　　　超伝導性 …………124
11・3　合金の特性 ………………126
練習問題 ……………………………128

第12章　天然物材料

12・1　植物材料のプロフィール
　　　　………………………129
12・2　動物材料のプロフィール
　　　　………………………131
12・3　鉱物材料のプロフィール
　　　　………………………132
　12・3・1　岩石 ………………132
　12・3・2　砂と土，粘土 ………134
練習問題 ……………………………134

第13章　材料の複合化

13・1　複合化による機能の発現
　　　　………………………135
13・2　積層による複合化 ………136
練習問題 ……………………………138

第2部　機能性から物質をみる

力学的（機械的）特性（140）／熱的特性（142）／電気的特性（144）／
磁気的特性（146）／光学的特性（148）

第14章　現代の科学技術で重要な機能性

14・1　物質の力学的特性 ………150
　14・1・1　ミクロから見た変形の
　　　　　メカニズム …………150
14・2　物質の電気的特性 ………153
　14・2・1　超伝導体 ……………153
　14・2・2　半導体 ………………155
　14・2・3　ミクロから見た電気伝導
　　　　　のメカニズム ………155
　14・2・4　強誘電体 ……………157
14・3　物質の磁気的特性 ………160
　14・3・1　物質構造の複雑化と磁性
　　　　　………………………160
　14・3・2　磁化と永久磁石 ……161
　14・3・3　強力な永久磁石 ……162

14・3・4　フェリ磁性 ………… 163
14・3・5　MRI（NMR） ……… 164
14・4　物質の光学的特性 ……… 164
14・4・1　発光 —レーザーについて— ………… 164
14・4・2　光起電性の利用と発光ダイオード ……167
14・4・3　光記録 ………………… 172

第15章　材料の劣化

15・1　使用による材料の劣化 ……………………… 173
15・2　自然環境の中で起こる材料の劣化 …………… 174

第16章　材料の有害性と安全性

16・1　製造者および使用者の安全と環境の保全 ………… 176
16・2　危険物の種類 ……… 178
16・3　危険物の見分け方 ……… 178
16・4　安全性を確保するには ……………………… 180

第17章　資源とリサイクル

17・1　資源の量 ………………… 181
17・2　リサイクルによる資源の節約 ………………… 183

第2部　総合問題 ……………………………………… 185
練習問題の略解 ……………………………………… 188
まとめの表 …………………………………………… 200
索　引 ………………………………………………… 207

第 1 部

物質の構造から機能をみる

　基本的な電子から原子・分子を通って我々が手に取る複雑な物質まで，物質構造の深化はどのような原理に基づいて起こるかをたどり，化学の体系を正統的な学習で身につけるとともに，物質の機能性が，構造の複雑化とどのように関わり合うかを学ぶことによって，物質の機能を使いこなす基盤を養う．これは，われわれが日常接している化学現象の理解にも通ずる．

 # モノを使いこなすとは

> 我々は"モノ"という言葉をよく使う．しかし"モノ"とは，いったい何であろうか．まずはそれを科学的に，あるいは化学的に考えてみよう．そして我々の目標である**物質の正しい理解**と，その上に立って**物質の機能**を引き出し，我々の生活に役立てていくという"**物質との賢い付き合い方**"についての勉強を始めよう．

 ## モノを賢く使う

日常生活で我々はいろいろな**モノ**を利用して生きている．そもそも我々人間自身がモノの1つである．

さて，いま"モノ"といったが，これには2つの意味がある．1つは，茶碗，フライパン，テレビ，携帯電話機，自動車などといった器物や製品などのことであり，もう1つは，これらを作っている**素材**で鉄，ガラス，セメント，土，石などのことである．

我々は，何でも手に入れることのできる豊かな時代の日本に生活している．しかし，現在でも貧困に悩まされている国の人たちは食料品，医療品にも困っている．日本も，今のように豊かになったのはそんなに昔のことではない．そして現在，モノの大量消費は，地球環境の悪化と資源の枯渇を招き，将来に暗い影を投げかけている．我々には，いまこそ"**モノを賢く使う**"という知恵が

表 1・1 モノを使うとは

モノを使う立場	技術開発に携わる職業人としての立場 消費する一般市民としての立場
モノの使い方	最適なモノを選び出して使う 安全に使う（自身の安全と，他人・環境への安全） リサイクル方法を考えて使う

切実に求められている．

　表1・1を見ていただきたい．我々がモノを使うのには，それを利用して技術開発に携わる職業人としての面と，それらを便利に使い，消費する一般市民（すなわち生活者）としての面とがある．"賢く使う"ということは，目的に適った最適なモノを選び出して使うことのほかに，安全性も問題となろう．このとき使用者自身の安全のほかに，環境への影響も考慮しなければならない．さらに資源やエネルギーの問題を考え，リサイクルの方法についても確立しておかなければならないであろう．

この本で考えること

　本書は，対象を限定し，前ページで述べた第二の意味での"モノ"，すなわち素材を使いこなしていくときの基本的な考え方を，素材を利用する立場の職業に就くだろう非化学系の理工系学生とともに追求していこうとするものである．

　素材は材料とも呼ばれ，また物質と言い換えることもできる．本書では，この3つを適宜使い分けていく．

　ところで物質の特性（それが役に立つものならば機能性と呼ばれ，生命に害を与えるものならば毒性と呼ばれる）は，物質の構造（すなわち原子・分子と，その集合形態）と関連づけることができる．それらの関連を明らかにする学問が化学である．こうしたアプローチによって，機能性の本質を原子・分子

のミクロなレベルで解明するとともに，その機能を発現させるのにより良い構造を持った物質の存在を"予言"することもできよう．さらに，化学は物質の変換（つまり反応や合成）をも得意にしているのであるから，その機能を発現させるのに最適な構造を持った物質を作り出す技術をも提供することになる．

人類をはじめとする生物の生存を支えているのは，**物質とエネルギー**であるといわれる．しかしよく考えてみると，エネルギーを支えているのが物質である場合が多いことに気づく．動物のエネルギーは食物という物質によって供給され，自動車の動力は石油や液化天然ガスによっている．電池を働かせているのも物質である．物質についての理解，すなわち"化学の理解"が，21世紀に生きる市民や技術者にとって不可欠な理由がここにもある．

いま，1つの例について技術の展開をたどってみよう．

人類にとって最も歴史の長い道具は，狩猟，戦争，調理，農作業に用いる器具であろう．ここでは力学的な特性が問題になるが，加工性や耐久性をも加味され，**図 1·1** のように素材が変化してきた．

狩猟器具，武器などは人類の発生とともにあった技術であり，物質の**力学的特性**は古くから親しいものであったろう．これに反し**電気的特性**は，人類が電気を自由に使いこなすようになって以後問題になってきた機能であり，電気の歴史そのものも数百年しかない．さらに電気的特性の中でも**超伝導性**は，最近大きな問題になってきたものである．このように，機能性に新しい展開があると，化学もその機能性を物質の面から追求して新しい展開を見せる．化学は，

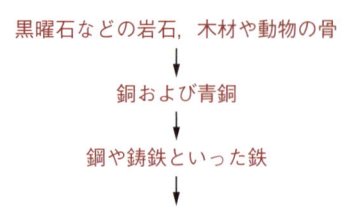

図 1·1　素材の変遷

こうした面からも日に日に発展を続けているのである．

　さて，このような化学の状況を考えたとき，化学の成果を利用していく立場の，化学を専門としない技術者や科学者は，どのように対処していったらよいであろうか．著者は，

　　物質の構造と機能性についての大局的な知識と洞察力を持ち，解決すべき
　　問題について，化学の専門家と情報の交換ができればよい

と考えている．化学の専門家に問題を的確に提示し，何を解決してほしいかをはっきりと指示するのである．それには**化学に何ができるか，何ができそうか**を予測できなければならない．しかし，"最適なモノを選んで，それを作る"という仕事は，化学の専門家に任せてしまえばよい．そう考えると，化学の成果を利用していく立場からは，化学を丸ごと学ぶ必要はないであろう．"モノを作る"という，化学にとっては最も重要な分野さえ，スキップしてもよいのではないか．

　"モノを賢く使う"ための考え方が，少しでも読者の身についてくれれば，本書の目的は達せられたことになる．

● 練習問題 ●

1. 鍋，釜，フライパンなどの調理器具について，その材料が人類の歴史の中で，どのように変遷し多様化してきたかを考察せよ．
2. 酒を飲む容器の素材の多様性について考えてみよ．どの酒にはどの器が似合うだろうか．
3. ラジオの受信機がどのように小さくなり，軽くなってきたかを材料と関連づけて考えてみよ．
4. 身の回りで昔にはなく，最近使われるようになってきた材料を思いつくままに列挙せよ．
5. 身の回りで，耐久性に優れるようになったと実感するモノを挙げよ．

第2章 物質構造の階層性と機能性

　物質を正しく理解するためには物質を細かく分け，その成り立ちを調べていかなければならない．物質はミクロな原子や分子からできているが，それらの組み合わせ方によって，様々に違ったマクロな物質として我々の前に現れる．
　この章では，物質の構造と機能性について見ていくことにしよう．

物質構造の階層性と化学

　モノの構成要素を，大きいものから小さいもの，細かいものへと系統的に見ていくと，そこに**階層性**があることに気づく．
　我々が使っている道具は，様々な部品からできている．部品も，見てはっきりと分かるような，不均一ないくつかの材料からできている．均一な材料も，いろいろな物質の**混合物**である場合が多い．こうした混合物を成分に分けてみると，いくつかの**純物質**が得られる．純物質は目で見，手で触ってみることができるものであるが，これを細分化していくと**分子**，**原子**に到達する．分子や原子は極めて小さいもので最近まで見ることができず，化学者がいろいろな状況証拠からその実在を信じていたものであった．電子顕微鏡の進歩により，原子1個1個の像を目にすることができるようになったときの化学者の感激は忘れられない．

純物質のうち，特に 2 種類以上の元素からできているものを **化合物** といい，ただ 1 種類の元素からできているものを **単体** という．元素については，18 ページで説明する．

ところで化学では，上でたどった **物質構造の階層性** とは逆向きに，原子・分子を基礎に置いて，複雑な混合物の世界までを統一的に解釈しようとする．目に見えないミクロな原子・分子の行動と，我々が現実に利用する多様でマクロな物質の特性との間に理論的な関係を確立しようとする．物質の特性には様々なものがあり，"硬いが脆い" とか "電気をよく通す" などの **物理的特性**，"錆びやすい" とか "燃えやすい" といった **化学的特性**，さらには "薬になったり，毒になったりする" という **生物学的特性** がある．**化学** は，これらの物質の特性を原子・分子の行動に基づいて解明しようとする．

このように，物質構造の階層性と化学とは，密接な関わりがある．

 ## 化学の進歩とは

さて前節を読んで，化学のことを，すでに完成され固定化された学問のように思った読者がいるかも知れない．しかし実際には，化学は 1 日 1 日と進歩している．では，化学の進歩とは何であろうか．

分子の種類は無限である．原子の組み合わせ方によって，いくらでも新しい分子を作り出すことができるからである．これらの分子は，すばらしい機能を持っているかも知れない．また，機能の方も進化する．力学的特性は，人類が原始の時代から問題にしてきた機能と思われるが，電気的特性は，電気というものが科学的に解明されてからやっと問題になってきたものである．その電気的特性も，最近では超伝導性や光起電性など，新しい機能が脚光を浴びるようになってきている．

こうなると，これまで知られていた物質に思いもよらないすばらしい特性が隠れていたことが分かったり，新しく発見された **マクロ** な特性を発現させるのに最も良い **ミクロ** な化学構造が理論的に提案され，それが化学の力で作り出さ

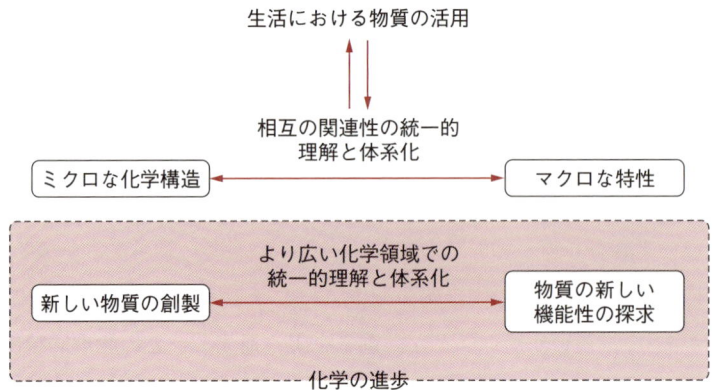

図 2・1　化学の進歩と化学の役割

れるようになってくる．化学は，このようなミクロとマクロの，それぞれの側からの相互の刺激によって生き生きと成長する．これが，すなわち**化学の進歩**である．

以上述べたような化学の進歩について，その役割も含め**図 2・1** にまとめた．

物質構造の階層と機能の発現

物質の機能には，原子・分子の**ミクロ**なレベルにおいても発現するものと，**マクロ**な集合体にならないと発現しないものとがある．力学的特性は，形のある物体についての性質なので，マクロな集合体でなければ現れない特性である．それに対して磁気的特性は，ミクロなレベル，すなわち物質を構成する最も基本的な粒子の 1 つである電子においても現れる特性である．

本書では磁気的特性のことを，主に**磁性**と呼ぶことにする．

それなら磁性は，原子 → 分子 → 集合体と，系が複雑になっていっても電子が存在しさえすれば発現するのかというと，そうはならない．人間の体の中には大変多くの電子が存在するが，我々が磁石に近づいても吸い付けられること

2・3 物質構造の階層と機能の発現

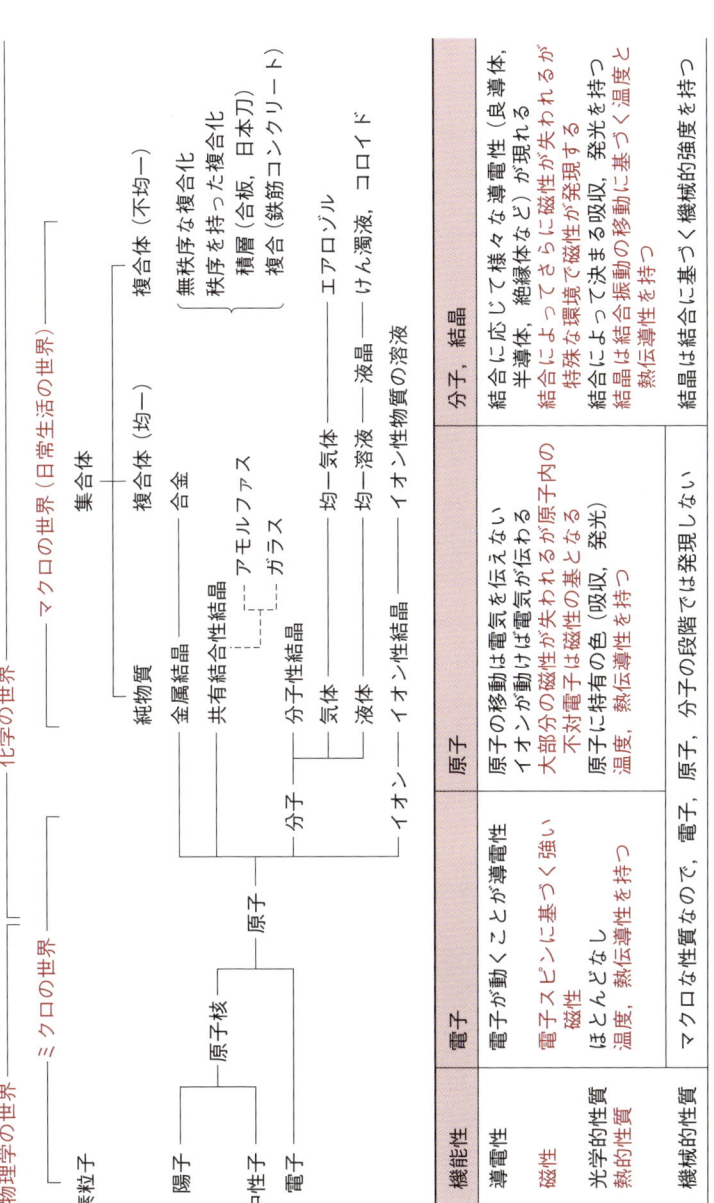

図2・2 物質構造の階層性と機能

はない．これは，電子が本来的に持っている磁性が，原子・分子を作るときに"隠れてしまう"ためである．磁性は物質構造の複雑化とともに，現れたり隠れたりする．

このように物質構造の階層によって，ある機能が発現したりしなかったりするということも，自然の神秘として，とても面白いことではなかろうか．

以上を図 2·2 にまとめておこう．

● 練習問題 ●

1. 花崗岩はどのような物質から構成されているか．マクロな視点からミクロな視点へと順次たどって考えよ．
2. 蛍光灯は，どのような素材からできているか．

# 第3章 電子のプロフィール

　電子は素粒子の1つで，化学が対象にするものの中で最も小さく，最も基本的なものである．徐々に本書の中で明らかにしていくように，**電子の挙動が物質の性質（つまり物理的特性，化学的特性や生物学的特性）のほとんどを決めている**．物質を理解することは，その中の電子の働きを理解することといってよい．

　物質の中で，電子は原子核の支配のもとに行動しているが，本章ではまず，原子核に束縛されていない，遊離の電子のプロフィールを描き出すことにしよう．

 電子のプロフィール

　遊離の，すなわち原子核に束縛されていない**電子**は，質量 9.1×10^{-28} g で，1.6×10^{-19} C（クーロン）のマイナス電荷を持った粒子である．

　上で述べた，遊離の電子の質量は，最も簡単な原子核である水素の原子核（これはプロトンと呼ばれ，H^+ で表す）の 1/1840 に相当する．また，その電荷量は，電荷の最小単位になっている．したがって，この電荷量を**電気素量**と呼ぶ．

　　遊離の電子の電荷や質量は，ここであらためて暗記しなくても，例えば高等学校で化学を学んだ経験のある読者なら，計算で簡単に求めることができる．

6×10^{23} 個，すなわち 1 mol（**mol** は"モル"と読む）の遊離の電子の電荷は 96500 C である．これから 1 個の電子の電荷をすぐに求めることができる．また水素原子 6×10^{23} 個，すなわち 1 mol の質量が 1 g であることから，1 個の水素原子の質量が計算でき，その約 1/2000 として，電子の質量が求められる．正確な数値ではなくても，十分に間に合う場合は多い．

このようにいろいろな数値，つまり物理量が互いにどのように関連しているのかを理解しておくと，暗記しておかなければならない事柄が少なくて済み，知識の応用も広くなる．

なお上で述べたような，1 mol に含まれる個数を表す数値 6×10^{23} のことを**アボガドロ定数**と呼び，N（あるいは N_A）で表すことが多い．

ところで，遊離の電子はどのようにすれば作り出すことができるであろうか．目には見えないが遊離の電子は，我々が日常生活で使用している電気器具，例えば蛍光灯やテレビのブラウン管の中で縦横に活躍している．

図3・1 に示すように，ブラウン管の中で，電子は高温に加熱された陰極から放出されている（なお陰極には，電子を放出する能力の高いストロンチウム化合物などが塗られている）．放出されたばかりの電子はエネルギーが小さい，すなわち速度が小さいけれども，陽極との間に高い電圧が掛けられているために加速され，やがて電子は大きな速度を持って飛ぶようになる．

上で述べたような電場による加速によって，一定の速度，すなわち一定のエネルギーを持った遊離の状態の電子を作り出すことができる．このため電子は，その特性を調べやすいともいえる．

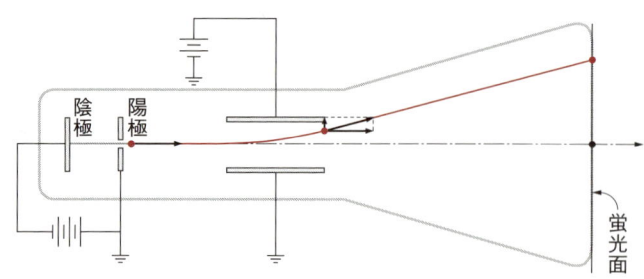

図3・1　ブラウン管の中での，遊離の電子の発生と流れ

なお以下では電子について，特に"遊離の"と断らない場合もあるので注意してほしい．

電子が持つ機能性

物質を構成する，最も基本的な粒子である電子は，すでに機能性を持っている．

2・3節でも述べたように，物質の機能にはミクロなレベル，すなわち電子や原子・分子の段階で現れるものと，マクロなレベル，すなわち原子・分子の集合体において初めて現れるものとがある．例えば，力学的特性は物体についての性質，すなわちマクロなレベルで現れる性質であり，電子，原子・分子といったミクロなレベルにおいては現れない．したがって，"遊離の電子の力学的特性"といったものは意味を持たない．

しかし**電気的特性**と**磁性**とは，すでに電子の段階で重要なものとして現れる．

まず，電気的特性を考えよう．図3・1のように，ブラウン管中を遊離の電子が飛ぶということは，実はブラウン管中を電気が伝わったということである．1s（秒）間に N 個の電子が陰極と陽極の間を移動したとすれば，

$$N \times (1.6 \times 10^{-19})\ \text{A}$$

の電流が流れたことになる（ここで電流の単位 A は"**アンペア**"である）．

　上の式からも分かるように，電流とは，1s 間に移動した電荷の量のことである．

磁性はさらに重要である．1個の遊離の電子はすでに強い磁石であり，すなわち**磁性**を持っている．この機能は，電子の自転（これを**スピン**という）によって生まれたものである．つまり電気を持ったもの（いまの場合は，電子）が円運動（いまの場合は，自転）を行うことは，円形コイルに電流が流れたことに相当し，この結果，**磁気モーメント**が生じるのである（これを特に，**スピン磁気モーメント**と呼ぶ）．これが，電子の磁性の源である．**図3・2**に，スピン

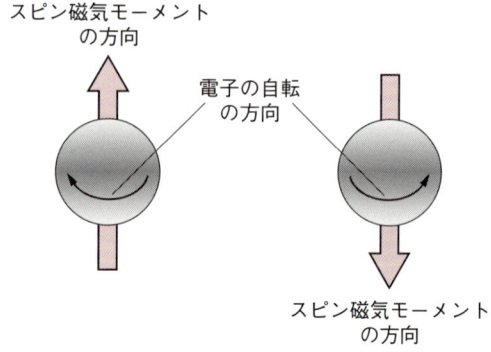

図3・2　電子の自転によってスピン磁気モーメントが生じる様子

磁気モーメントが生じる様子を示した．

　なお外から加えられた磁場中において，スピン磁気モーメントは２つの状態しか許されない．すなわち外部の磁場の方向に一致するか，それとは反対の方向を向くかのいずれかのみであり，ある種の"不自由さ"をともなっている．

　　電子の磁性は，量子力学によって本格的に説明される．**量子力学**は，電子や原子のようなミクロなものの行動を支配する法則を明らかにする学問である．読者にとって，すでになじみが深いであろうニュートン力学は，そうした微小なものの世界では成り立たない．

　　微小なものは，その運動の速度によって異なる**波**を担い，この波の干渉が微小なものの動きを制限している．つまり，我々の生活している"ニュートン力学の世界"より，微小なものの世界は不自由なのである．しかしこの"不自由さ"こそが，磁性のみならず，原子の性質や結合といった化学の基本を決める根本なのである．

　　このように重要な量子力学であるけれども，これをきちんと学習するためには，どうしても高度な数学が必要になる．量子力学を駆使して話を進めることは，やさしく化学の基本を理解しようという本書の趣旨にそぐわない．そこで本書では，量子力学の中身には立ち入らないで，その結果のみを天下り的に述べ，それを利用しながら議論を進めることにする．

　なお後でもしばしば述べるように，物質の磁性は，電子によって生み出され

● 練 習 問 題 ●

1. 次について，簡単に説明せよ．
   (a) 電子の電荷　　(b) 電子のスピン
2. 電子 1 mol の質量はいくらか．
3. 1 分間に 1 mol，すなわち 6×10^{23} 個の電子が電極間を移動した．このとき流れた電流はいくらか．
4. 100 V の電圧を掛けて加速された電子の速度はいくらか．（**ヒント**：問題のように加速された電子は 100 eV の運動エネルギーを持つ．168 ページでくわしく述べるように，eV はエネルギーの単位で，1 eV＝1.60×10^{-19} J である．）

# 原子のプロフィール

化学において，物質の"究極の粒子"は原子である．すなわち化学では，物質の構成単位を**原子**とする．

全ての物質は原子から組み立てられている．原子の種類は百くらいしかないが，これらが様々に組み合わされ，多様な物質の世界を作り上げる．本章では，原子について基本的な事柄を学ぶ．

 原子のプロフィール

原子の中では，プラス電荷を持った**原子核**の周囲をマイナス電荷を持った**電子**が回っている．原子核の半径は $10^{-15} \sim 10^{-14}$ m で，原子の半径は 10^{-10} m 程度である．すなわち，原子核と原子の大きさはおよそ1万～10万倍も違う．言い換えると，原子の中の一番外側の電子は原子核から，原子核の半径の1万～10万倍も遠い距離のところを運動していることになる．これは，東京ドームのピッチャープレートにパチンコ球を置いて原子核としたとき，スタンドのあたりを電子が回っていることに相当する．

原子の内部は，大部分が"何もない"空間なのである．

さて**原子核**は，**陽子**と**中性子**とからできている．**陽子**はプラス電荷を持つ．陽子1個の電気量は電子1個のマイナスの電気量をちょうど打ち消す（これを，中和するという）だけの量である．つまり，陽子と電子の電荷は絶対値が

等しく，符号だけが異なるのである．なお**中性子**は電荷を持たない．

　陽子の質量は，電子の質量の 1840 倍である．また中性子の質量は，陽子の質量にほぼ等しい．

　さて原子全体として見ると，原子は陽子のプラスの電気量を中和するのに必要なだけの電子を持っている．すなわち，陽子の数と電子の数とは等しいことになる．

　原子の性質は原子核のプラス電荷つまり，原子核に含まれる陽子の数で決まる．すなわち，原子に含まれる電子の数によって決まるといえる．中性子は，原子の化学的性質にほとんど影響を与えない．実をいうと原子の性質を発現しているのは電子である．原子核は電子の数と軌道を決めることによって原子の性質を決める．

　原子核に含まれる陽子の数を**原子番号**という．また原子番号を使って，ある元素を言い表すのに"第○番元素"という呼び方もされる．

　原子核に含まれる陽子の数が同じで，中性子の数が異なるものは原子の質量が異なり，**同位体**と呼ばれるものになる．**図 4・1** に示すように，ヘリウム He の同位体の 1 つ ^{4}He の原子核は 2 個の陽子と 2 個の中性子とからできていて，原子核の周りを 2 個の電子が回っている．

　^{4}He の "4" とは，陽子の数と中性子の数の和であり，**質量数**と呼ばれる．

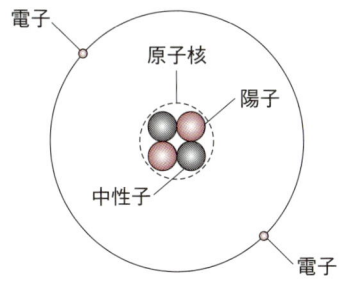

図 4・1　^{4}He の構造
　　2 個の陽子と 2 個の中性子とからなる原子核の周りを，2 個の電子が回っている．

なお He の同位体には ^{3}He も知られており，2個の陽子と1個の中性子とから成る原子核の周りを，2個の電子が回っている．

同位体どうしは質量が異なるだけで，お互いの化学的性質はほとんど変わらない．同位体を区別しないで同じものと見なした同種の原子の集まりが**元素**である．元素は百種類くらいしかない (41 ページ参照)．

 ## 原子の中の電子の運動

前節で述べたように，原子の性質は原子核に含まれる陽子の数，すなわち原子に含まれる電子の数によって変化する．原子の性質は，電子がどのように振る舞うかによっても決まってくる．原子核のプラス電荷の大きさが電子の数を決めるだけでなく，電子の運動の道すじ，すなわち**電子の軌道**をも決めるからである．

原子核のプラス電荷の大きさによって，電子と原子核との間に働く**静電引力**の大きさが変化するが，この力の大きさに応じて，電子の軌道が決まるのである．

では，さっそく電子の軌道について考えてみよう．

原子核と電子との関係は，太陽と地球，あるいは地球と人工衛星との関係に似ている．もちろん，そこに働く引力が，万有引力であるか静電引力であるかの違いはあるけれども．しかしそれだけでなく，この2つの世界の間にはもう1つ決定的な違いがある．

人工衛星は，その速度を変えることで地球との距離をどのようにでも調節することができる．すなわち，どのような軌道でもとることができる．人工衛星が燃料を噴射し，軌道を修正，調節することをご存じの読者も多いことと思う．だが，原子の内部では，原子核と電子との距離は任意ではなくなり，電子はある決められた軌道を運動することができるのみである．

このように，電子の運動がある決まった軌道上に限られるのは，以下のような事情による．すなわち14ページでも述べたように，原子や分子のようなミ

クロな世界では，粒子が波の性質をも持つようになる．原子中の電子は，自身が担う波が干渉し合い，そのとき位相が合致して，波を強め合うところにしか存在することができなくなる．つまり電子の運動は，ある軌道上にのみ限られることになる．

4・3 量子力学の考え方

前節の最後に述べたような，"ミクロな世界では，粒子が波の性質をも持つようになる"ということが明らかになり，数式として整理されたのは19世紀の終わりから20世紀の初めにかけてである．このような**量子力学**の発見が，化学の発展に与えた影響は計り知れない．

14ページでも触れたように，量子力学はニュートン力学とは異なる体系をなす．電子や原子・分子の振る舞いは**シュレーディンガーの波動方程式**と呼ばれる微分方程式によって記述される．

しかし，量子力学の理論を説明することは，本書の読者にとって必ずしも必要なこととは思われないので，以下でド・ブロイによる**物質波**の考え方だけを述べて先に進もう．次の説明も難しいと思われる読者は，ここを飛ばして21ページ (4・4節) から読み進めてもらってもかまわない．

電子のような微小な粒子 (質量 m) が速度 v で運動しているとする．このとき，その粒子は，以下で計算される波長 λ ("ラムダ"と読む) の波の性質を持つ (**図4・2**上)．

$$\lambda = \frac{h}{mv}$$

ここで，h は**プランク定数**と呼ばれる定数である．この式から分かるように，大きな速度 v で運動する電子ほど，それが担っている波の波長 λ は短い．

さてもちろん，水素原子の原子核の周りを回っている電子も，その速度に応じた波を担っている．**図4・2**のように，電子の軌道に沿って波を当てはめてみると，軌道の円周 $2\pi r$ (r は電子の軌道の半径とする) が，この波の波長の整

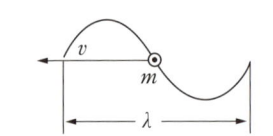

速度 v で走る質量 m の粒子は、粒子としての性質とともに、
$$\lambda = \frac{h}{mv} \quad (h;\text{プランク定数})$$
で計算される波長 λ の波の性質を持つ。
速度が大きいほど波長は大きい。

運動している電子が担っている波

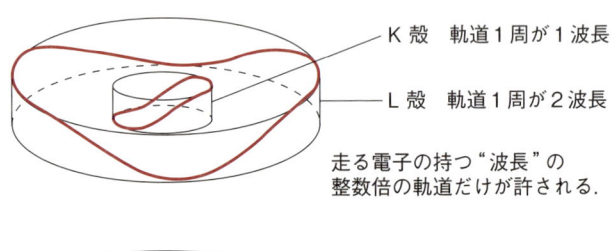

K殻　軌道1周が1波長

L殻　軌道1周が2波長

走る電子の持つ"波長"の整数倍の軌道だけが許される。

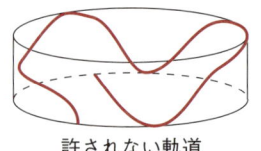

軌道を1周したとき波が食い違う。このような場合には、電子波が干渉によって打ち消されてしまうので、このような軌道は存在しない。

許されない軌道

図4·2　原子内の電子の定常波

数倍になっているときには、干渉で波が強め合う。すなわち

$$2\pi r = n\lambda = \frac{nh}{mv} \quad (n\text{は正の整数}.\ n = 1, 2, 3 \cdots)$$

が成り立っている。一方、電子と原子核の間に働く静電引力と、円軌道を運動している電子に働く遠心力とは釣り合っていなければならない（ここは、電磁気学とニュートン力学の考え方をそのまま使ってよい）。したがって、以下が成り立つ。

$$\frac{e^2}{4\pi\varepsilon_0 r^2} = \frac{mv^2}{r}$$

ここで e は電気素量、ε_0 は真空の誘電率である。上の2つの式から v を消去すると、以下が得られる。

$$r = \frac{n^2\varepsilon_0 h^2}{\pi me^2}$$

こうして，円運動を行う電子の軌道半径 r は，整数 n で決まる飛び飛びの値をとらなければならないことが導き出される．すなわち前節で述べた"電子の運動は，ある軌道上にのみ限られる"ということが示されたことになる．

また，運動エネルギーと静電エネルギーとを加えた，電子のエネルギー E_n については

$$E_n = -\frac{me^4}{8\varepsilon_0^2 h^2}\frac{1}{n^2}$$

となり，これも飛び飛びの値しかとらないことが導き出された．

上では議論が難解になることを避けるため説明を省略したが，究極的には，微小な粒子の挙動は，**波動関数**と呼ばれる関数 ψ（"プサイ"と読む）についての**シュレーディンガーの波動方程式**によって求められる．これは，以下のような形をした微分方程式である．

$$-\frac{h^2}{8\pi^2 m}\left(\frac{\partial^2 \psi}{\partial x^2} + \frac{\partial^2 \psi}{\partial y^2} + \frac{\partial^2 \psi}{\partial z^2}\right) = (E - V)\psi$$

これを解くことによって，原子・分子の中の電子の挙動が明らかにされる．

> 波動は sin，cos といった三角関数で表される．三角関数は 2 回微分を行うと，符号を変えて元の関数に戻るという特徴を持っている．シュレーディンガーの波動方程式は，その性質を備えている．

原子の中の電子の軌道

話を少し戻す．

これまでにも暗にほのめかしてきたように，原子の中の電子の軌道は，**粗い近似では円軌道**と考えられる．このような近似では，電子の軌道はいくつかの同心円で表される．これらは内側から順に **K 殻**，**L 殻**，**M 殻**，**N 殻**，…と名付けられて，**電子殻**と総称されている．

ある原子を考えたとき，原子核に近い，内側の方に位置する電子殻を**内殻**，原

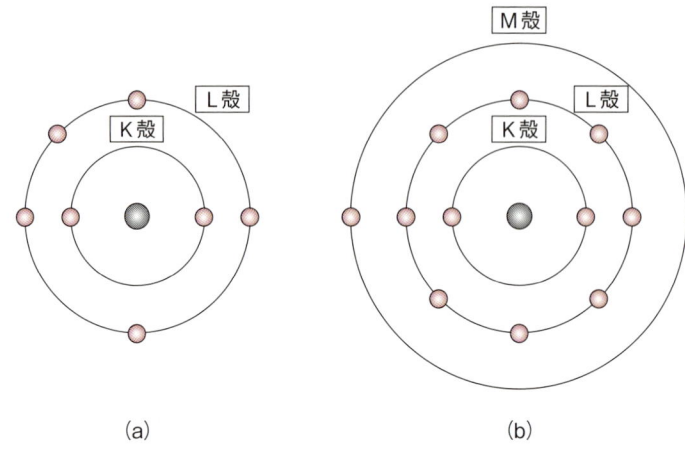

図 4·3 窒素原子とナトリウム原子における電子の軌道と詰まり方
(a) 窒素原子　(b) ナトリウム原子

子核から遠い，外側の電子殻を外殻と呼ぶ．**外殻**のうち，最も外側のものを特に，**最外殻**という．

　重要な点は，これら各軌道に収容される電子の"定員"が決まっていることである．K 殻には 2 個まで，L 殻には 8 個まで，M 殻には 18 個までの電子を詰めることができる．このとき電子は内側の，すなわち原子核に近い側の，エネルギーの低い軌道から順に詰まっていく．例えば，第 7 番元素の窒素の原子は 7 個の電子を持ち，K 殻に 2 個，L 殻に 5 個の電子が詰まっている．また第 11 番元素のナトリウムの原子は，11 個の電子を K 殻に 2 個，L 殻に 8 個，M 殻に 1 個，という具合に配分して持っている．上に述べた 2 つの原子の，電子の軌道と詰まり方の様子を図 4·3 に示す．

　図 4·3 のような"雷さま形"の電子の軌道は，高等学校のときに，教科書で目にしたことがある人もいるかも知れない．

　もう 1 つ重要なことは，それぞれの電子殻は，定員いっぱいの電子が詰め込まれたときに安定になるということである．このときの構造を**閉殻構造**という．定員以下で，電子が不足しているときは他から電子をもらい，一方，電子

を余分に持っているときは他に電子を与えるなどして，いずれも閉殻構造をとろうとする．こうした振る舞いが，第7章で述べるイオン結合や共有結合を生じさせる原因となっている．

さて，大ざっぱな近似による話はこれくらいにして，次に，もう少し精密に電子の軌道について見ていくことにしよう．

21ページで述べたシュレーディンガーの波動方程式を解いてみると，原子中の電子の軌道には，"円軌道"（**s軌道**）だけでなく"楕円軌道"（**p軌道**）や，もっと複雑な形の軌道（**d軌道**や**f軌道**）があることが分かった．

ここで，はじめに述べた粗っぽい近似から得られたK殻やL殻といった考え方と，少し精密化して得られたs軌道やp軌道といった考え方とを結びつけておく．これは，次のようになる．すなわちK殻には"円軌道"（s軌道）だけしかなく，そこに2個の電子が収容されている．L殻には，1つの"円軌道"（s軌道）と3つの"楕円軌道"（p軌道）があり，それぞれに2個ずつの電子が収容され，合計8個で定員が埋まり，閉殻構造をとる．M殻には，1つの"円軌道"（s軌道）と3つの"楕円軌道"（p軌道）に加え，さらに5つのd軌道が属し，各々に2個ずつの電子を収容，計18個で閉殻構造をとる．

さてここで，p軌道について，くわしく考察してみよう．

p軌道は"楕円軌道"であるが，これは図4·4に示すように，原子核を1つの焦点にした2つの楕円を1組にして，1つの軌道になったものである．ところが，楕円軌道というのはニュートン力学（古典力学）のイメージなので，これを量子力学のイメージに移し替えると，電子は2つの楕円球の重なり──図4·4Bに示したような，あたかも2つの団子を串刺しにしたようなものになる．電子は，この串刺しにされた2つの団子の表面のあたりを運動しているのである．

p軌道の形は図4·4A，Bに示したものが正しいのだが，いくらか広がりすぎていて，結合などを書き加えて表すと見にくくなることがある．そこでCのようにスマートに描くことも多い．

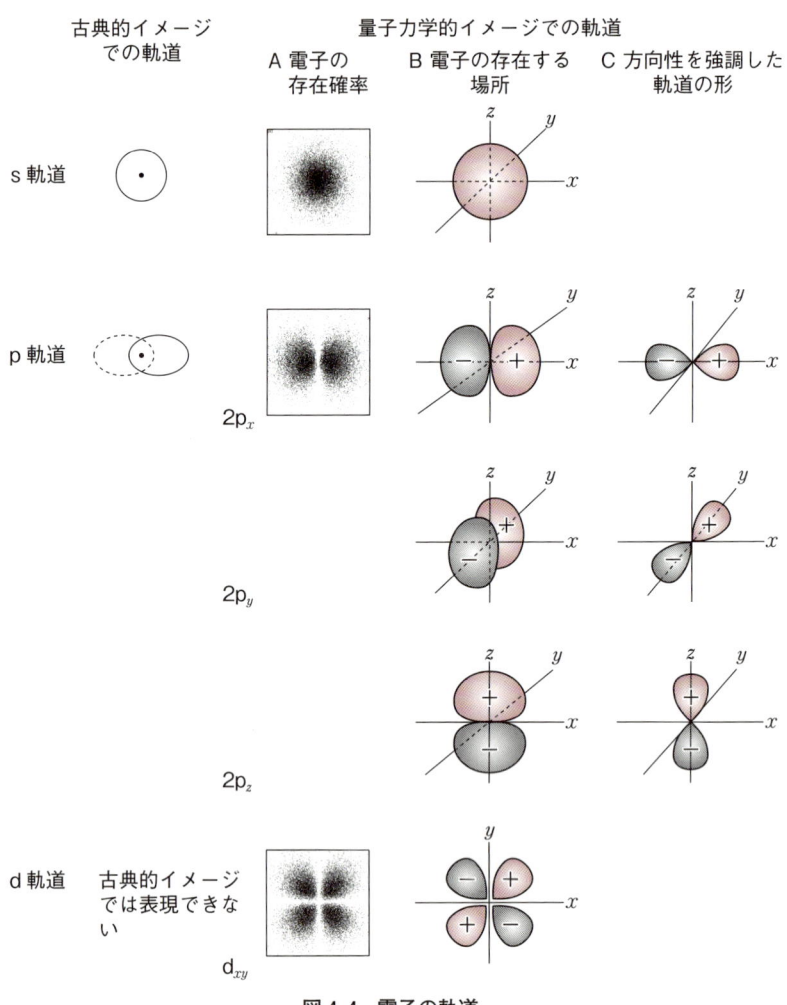

図4·4 電子の軌道

同様なことを s 軌道について考えると, s 軌道は, ニュートン力学のイメージでは円軌道であるが, 量子力学のイメージでは球軌道になる.

シュレーディンガーの波動方程式を解いて得られる波動関数 ψ (すでに述べたように, この関数が電子や原子・分子の振る舞いを記述する) の特質の 1 つとして, 次のようなことがある. すなわち, ψ によって記述される電子などの軌道

4・4 原子の中の電子の軌道

は，細い線で描いたようなシャープで明確なものではなく，ある広がりを持った，ぼんやりとしたものになるということである．このとき，電子がどのあたりを通過するのかということは**確率**によってのみ表される．図4・4は，原子の中で，電子が存在する確率の高い場所（電子は動き回っているから，"電子が通過する確率の高い場所"と言い換えてもよい）を表したものなのである．量子力学の理論によると，電子の存在確率は波動関数の2乗で計算される．このように，電子の存在する場所が明確に定まらないにもかかわらず，電子のエネルギー（つまり，ポテンシャルエネルギーと運動エネルギーの和）は一定の，明確に定まった値になる．これは量子力学の世界の不思議の1つである．この不思議によって，宇宙のどこにいても（つまり，存在する場所が明確に定まらなくても），炭素原子は全く同じ炭素原子になる（つまり，エネルギーが明確に定まる）のである．

電子の分布（存在確率）は3次元的なものである．図4・4Aはそれを2次元平面に投影したものである．

軌道の電子分布を実感するには，電子分布をレーザー彫刻で表現したモデルが東京国立科学博物館のミュージアムショップで *NEBULA*（**図4・5**）という名前で販売されているので参照されたい．詳しい情報は

　　　http://www.ecosci.jp/sa07/NEBULA01.pdf および 02.pdf

で得られる．

図4・5 *NEBULA* の模型（時田澄男・時田那珂子氏提供）

繰り返しになるが，p軌道は図4・4Bに示したように，2つの団子を串刺しにしたような形をしている．もう1つ注意してもらいたいことは（結合，軌道の混成，光機能性などの理解に必要である；第7章），2つに分かれたp軌道は同じ形をしているが，波動関数のレベルでいうとプラスとマイナスの符号が違っているということである（電子密度を計算するときは波動関数を2乗するのでプラス，マイナスの違いは消えてしまう）．

このようなp軌道は1つだけでなく，あと2つ，合計3つが存在する．互いの"串"がそれぞれ垂直に交わったp_x軌道，p_y軌道，p_z軌道の3つである．ここで下添字のx, y, zは，それぞれの"串"がx軸，y軸，z軸の方向を向いていることを示している．これら3つのp軌道は方向が異なるだけで全く等価であり，エネルギーも等しい．また，それぞれの軌道は独立である．

　一般にx, y, zの方向を向いて直交している軌道は，それぞれ独立である．

さらにもう1つ重要な点は，p軌道はs軌道よりも少しエネルギーが高いということである．電子の軌道を同心円の円軌道と考える，最初に述べた粗い近似では，K殻という同じ軌道，つまり同じエネルギーを持った軌道に8個の電子がひしめき合っているような描像を与える．しかし実際は，電子は少しずつ性質の違う4つの軌道，すなわちs軌道，p_x, p_y, p_z軌道に2個ずつ分散されて収容されているのである．

これまでのことをまとめると，次のようになる．すなわち，L殻は1つのs軌道と，それぞれが独立で，互いに等価な3つのp軌道，合計4つの軌道からできていることが量子力学から導かれる．さらに，L殻に収容される8個の電子は，1つのs軌道と3つのp軌道，合計4つの軌道に2個ずつ収められている．

同じようにd軌道についての考察を進めよう．d軌道には同じエネルギーを持った，それぞれが独立な軌道が5つある．その軌道の量子力学的イメージは，図4・4Bのようなものである．このd軌道のそれぞれにも，2個ずつの電子が収容される．

M殻は1個のs軌道，3個のp軌道，5個のd軌道からできており，この中に18個の電子が入ったときに閉殻構造となる．この場合も，s軌道よりp軌道の方が，さらにp軌道よりd軌道の方がエネルギーが高い．

なお，次に続くN殻にはs，p，d軌道の他にf軌道が7つあり，合計32個の電子を収容することができる．

以上の事柄を，量子力学の言葉を使って述べてみる．

シュレーディンガーの波動方程式を解くと，原子の中の電子の軌道は，**主量子数 n，方位量子数 l，磁気量子数 m，スピン量子数 s という4つの量子数で決まる**ことが分かる．

これらのうち，n, l, m の量子数の組み合わせで表される電子の状態のことを**原子軌道**という．

主量子数 n は，原子核と電子の間のおおよその距離，したがって，おおよその**軌道のエネルギーを決めている**．これは

$$n = 1, 2, 3, \cdots$$

のように正の整数をとる．そして

$n=1$ がK殻，$n=2$ がL殻，$n=3$ がM殻，……

に，それぞれ対応している

方位量子数 l は軌道の形を決めている．とり得る値は主量子数 n に依存し

$$l = 0, 1, 2, \cdots, n-1$$

である．

$n=1$ のときは，$l=0$ だけが許される．この **$l=0$ の軌道は s 軌道**である．また $n=2$ のときは，$l=0, 1$ が許される．**$l=1$ の軌道は p 軌道**である．以下，**$l=2$ が d 軌道，$l=3$ が f 軌道**となる．

磁気量子数 m は軌道の方向を決めている．方位量子数 l に依存して

$$m = -l, -l+1, \cdots -1, 0, \ +1, \cdots, l-1, l$$

の値をとる．

$l=0$ の s 軌道には $m=0$ しか許されないが，$l=1$ の p 軌道には $m=-1$,

0, +1 の 3 つの値が許される．これは，すでに述べたような x, y, z 軸方向を向いた 3 つの軌道が存在することに対応する．$l=2$ の d 軌道には，$m=-2, -1, 0, +1, +2$ の 5 つの軌道がある．

ところで，主量子数 n と方位量子数 l との関係から，s 軌道 ($l=0$) は K 殻 ($n=1$), L 殻 ($n=2$), M 殻 ($n=3$), N 殻 ($n=4$), … の全ての電子殻に存在することがわかる．そこで，これらの s 軌道を区別するために，それぞれの場合の主量子数 n を前につけて

　　　　1s 軌道，**2s 軌道**，**3s 軌道**，**4s 軌道**，…

などと表現することにする．同様に p 軌道については 2p 軌道，3p 軌道，4p 軌道など，d 軌道については 3d 軌道，4d 軌道など，f 軌道については 4f 軌道などと書く．

最後に，スピン量子数 s である．

1s, 2s, 2p$_x$, 2p$_y$, 2p$_z$, 3s, … などの軌道は，それぞれに 2 個ずつの電子を収容することができる．問題は"この 2 個の電子は全く同じ状態にあるか"ということである．答えは"ノー"であり，2 つの電子はスピンの方向が異なるものでなければならない．この**スピンの方向を指定するのがスピン量子数 s** である．

　スピンについては，すでに 13 ページで解説した．

　スピン量子数 s は"電子の自転の方向を決めるもの"と言い換えることもできる．s は

$$s = +\frac{1}{2}, -\frac{1}{2}$$

の 2 つの値をとり，$+1/2$ と $-1/2$ の 2 つの電子が対になって安定化する．

　スピン量子数までを考えると，電子は 1 つの量子状態 (量子数の組で表される電子の状態のこと) に 1 個ずつしか入れないことになる．

練習問題

1. 次について，簡単に説明せよ．
   (a) 電子の軌道　(b) 閉殻構造　(c) s軌道　(d) p軌道
   (e) d軌道　(f) 量子数　(g) 主量子数　(h) 方位量子数
   (i) 磁気量子数　(j) スピン量子数
2. 電子と陽子とを質量，電荷の面から比較せよ．
3. 主量子数 $n = 1, 2, 3, 4$ の電子の軌道には，それぞれ何個の電子が入り得るか．
4. p軌道，d軌道，f軌道は，それぞれ主量子数がいくつのときに存在するか．
5. 水素原子の電子の軌道はいくつあるか．
6. K殻，L殻，M殻の電子の軌道半径について比較せよ．ただし絶対値ではなく，相対値で比べよ．
7. K殻，L殻，M殻の電子のエネルギーについて比較せよ．ただし絶対値ではなく，相対値で比べよ．
8. 東京湾でコップ1杯（これは0.2Lに相当する）の水をとり，全ての水分子に印を付けて海に流すとする．世界中の海水（およそ $1.4 \times 10^9 \, \text{km}^3$ である）をかき混ぜた後で（いったい，何億年かかるのか分からないが！），再び0.2Lの水をコップにとったとき，印の付いている水分子は何個含まれているだろうか．

第5章 元素の周期律

　前章で，原子中の電子の軌道について学んだ．本章では，この軌道にどのような順序で電子が詰まっていくのかを学び，電子の詰まり方と，周期的に変わる元素の性質（これを，元素の**周期律**と呼ぶ）について考えることにする．

5·1 原子の中の電子配置

　前章で述べたように，原子は量子数によって決められる様々な電子の軌道を持っている．電子の軌道を，エネルギーの小さい順に下から並べて描くと図5·1のようになる．正方形の枠として表された1つの軌道に，2個ずつの電子が下から順に詰まっていく．

　ここで，前に述べたことを少し修正しておかなければならない．22ページでは"K殻，L殻，M殻，N殻の順に電子が詰まっていく"と書いたのだが，実際には3d軌道のエネルギーより4s軌道のエネルギーの方が低く，N殻の4s軌道へ，M殻の3d軌道よりも先に電子が詰まっていくのである．

　電子の詰まり方については，もう1つの注意が必要である．

　それは，同じエネルギーの軌道がいくつかある場合には，最初は1つの軌道ごとに1つずつの電子が順に詰まっていき，エネルギーの等しい，空の軌道がなくなった後で，もう1つずつの電子がそれぞれの軌道に詰まっていくという

5・1 原子の中の電子配置

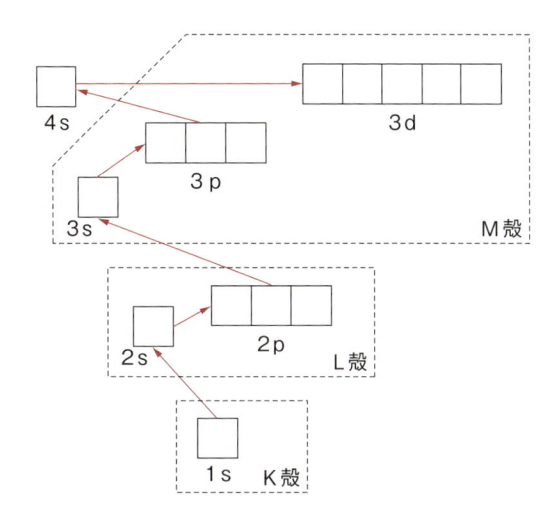

図5・1 原子の中の電子軌道のエネルギー

ことである．

　化学では，互いに反対向きのスピンを持った2つの電子が対になって安定化する現象がよく見られる．7・3節で学ぶ共有結合もその一例である．つまり電子は，なるべく反対向きのスピンを持ったものどうしが対になり，軌道に収まろうとする．

　しかし，同じエネルギーの軌道がいくつかある場合には，最初は1つの軌道ごとに1つずつ，それも互いにスピンの方向をそろえて電子が詰まっていき，全ての軌道に1つずつの電子が詰まった後に，2つ目の電子が，1つ目の電子とスピンの向きを反対にして詰まっていくのである．これは量子力学から得られる結論であり，**フント則**と呼ばれる．

　以上のことを心に留め，原子の中で，電子が軌道へとどのように詰まっていくかを，炭素原子，ナトリウム原子，鉄原子の場合について見ていくことにしよう．

　以下，本書では特に断らない限り，**基底状態**の原子の電子配置を考えることにする．基底状態とは，とり得る状態のうち，最もエネルギーの低い状態のことである．基底状態よりもエネルギーの高い状態を**励起状態**と呼ぶ．これについ

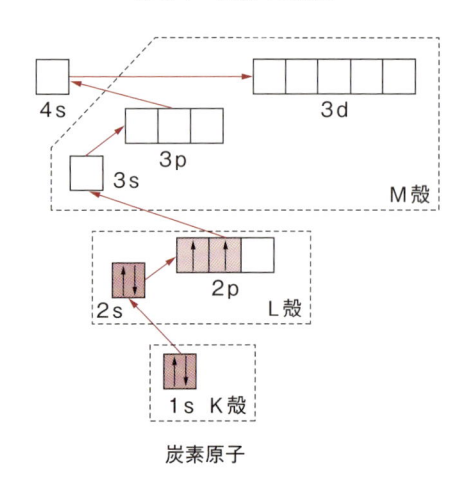

図 5·2　炭素原子の電子配置

ては，あらためて 49 ページで述べる．

(1) 炭素原子の場合

初めに，炭素原子の場合について図 5·2 を見ながら説明しよう．炭素は第 6 番元素であるから，6 個の電子を持つ．

まずエネルギーの低い方から順に，1s 軌道と 2s 軌道に電子は 2 個ずつ入っていく．すると，2 個の電子が残る．次に，この 2 個の電子を 2p 軌道に入れるのだけれど，2p 軌道は 3 つある．ここで，フント則が適用される．すなわち，異なった 2 つの 2p 軌道に 1 個ずつの電子が，スピンの方向をそろえて入るのである．このとき，もちろん 1 つの 2p 軌道は空になる．このような電子配置を，以下のように書き表す．

$$(1s)^2(2s)^2(2p)^2$$

丸カッコの中に軌道の名前が，その上付き数字として，その軌道に収まっている電子数が示されている．また内殻の電子配置

$$(1s)^2$$

をヘリウム He の電子配置の意味で

$$(He)$$

5・1 原子の中の電子配置

ナトリウム原子

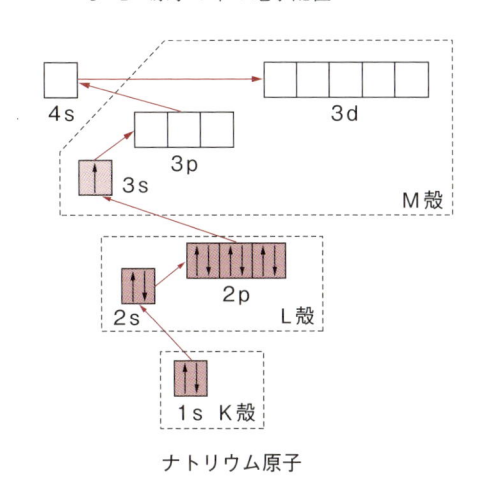

図 5・3 ナトリウムの電子配置

と略し，全体を

$$(\text{He})(2\text{s})^2(2\text{p})^2$$

と書くこともある．

(2) ナトリウム原子の場合

次に，図 5・3 を説明しよう．これはナトリウム原子の場合を表している．ナトリウムは第 11 番元素であるから，11 個の電子を持つ．

内殻の電子配置は $(1\text{s})^2(2\text{s})^2(2\text{p})^6$ で，残る 1 つの電子が外殻の 3s 軌道に入る．したがって全体の電子配置は

$$(1\text{s})^2(2\text{s})^2(2\text{p})^6(3\text{s})^1$$

と表される．あるいは，内殻の電子配置をネオン Ne の電子配置の意味で (Ne) と略し，全体を

$$(\text{Ne})(3\text{s})^1$$

と表現することもできる．

(3) 鉄原子の場合

図 5・4 の鉄原子の場合を考えよう．第 26 番元素の鉄は，26 個の電子を持つ．

第5章　元素の周期律

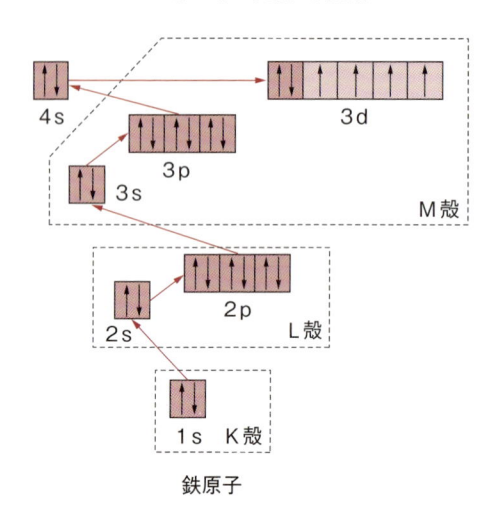

図5·4　鉄原子の電子配置

　図に示すように，まず10個の電子がK殻とL殻とを完全に埋める．残りの電子は16個である．続いてエネルギーの低い方から，8個の電子がM殻の中を $(3s)^2(3p)^6$ のように埋めていく．

　さて，次が問題である．実は3d軌道より4s軌道の方がエネルギーが低いのである．したがって，2個の電子が4s軌道へ先に詰まり，残りの6個の電子が3d軌道に入ることになる．3d軌道は5つあるが，まず，それぞれに1個ずつの電子が入り，残った1つの電子は，5つの3d軌道のうちの1つに，スピンを逆にして，先に入っていたもう1つの電子と対になって収まる．これより，全体の電子配置は以下のようになる．

$$(1s)^2(2s)^2(2p)^6(3s)^2(3p)^6(4s)^2(3d)^6$$

あるいは，アルゴンArの電子配置を(Ar)と表して

$$(Ar)(4s)^2(3d)^6$$

と書くこともできる．

　3d軌道と4s軌道の間のエネルギーの大小関係は微妙である．このため，電子の詰まっていく順序に例外的なことが起こる．第24番元素のクロムCr，第29番元素の銅Cuでは3d，4sの両軌道のエネルギーはほとんど等しく，また4s

軌道に入っている電子は1個である．

同様の関係は，5s軌道と4d軌道との間ではもっと顕著で，電子の詰まり方が不規則になる．さらにf軌道が絡んでくると，一層複雑になる．このため，後に述べる遷移元素について電子配置を考える場合には，それぞれの元素について1つ1つ，適当な表を見て確かめる必要がある．

このs, d, f軌道の微妙なエネルギーの上下関係は，イオンを作るときにも現れる．原子に電子が詰まっていく順は4sが先で3dが後になることが多いが，電子を失う（イオン化する）ときは4s軌道の電子が失われることが多い（練習問題3 (d) (e), 4参照）．

原子の中の電子配置を，表紙見返しの周期表中にあわせて示した．

5・2 電子配置と原子の性質

元素の**周期表**は，元素を**原子量**の順に並べていくと，似た性質を持った元素が周期的に繰り返して現れる（これを，元素の**周期律**という）という実験事実をまとめて作られたものである（元素の周期律は後に，量子力学によって，はっきりとした根拠を持つことになった）．

原子量とは，質量数12の炭素原子 ^{12}C の質量を12とし，これを基準として他の元素の原子の質量を相対的に表した数値である．なお**分子量**とは，分子を構成している原子の原子量の総和である．

5・2・1 なぜ周期律が現れるのか

さて原子の性質は，電子がどのように振る舞うかによって決まる．原子はたくさんの電子を持っているが，内殻にある電子はエネルギーが低く，原子の性質にはあまり関係しない．原子の性質を決めるのは外殻の電子，特に**最外殻の電子**の振る舞いである．

最外殻の電子のことを**価電子**と呼ぶことがある．

最外殻の電子の振る舞いは，その電子が，原子核にどれくらい強く引きつけ

られているかで決まる．例えば，弱い力でしか引きつけられていない電子は簡単に取り去られてしまう．すなわち，こうした電子を持つ原子は，電子を失いやすいのだから"**陽イオン**になりやすい"ということであるし，一方，強い力で引きつけられている電子は取り去ることが難しく，こうした電子を持つ原子は，逆に他から電子をもらって"**陰イオン**になりやすい"ということになる．

> 上の説明からわかるように，陽イオンはプラスの電気を，陰イオンはマイナスの電気を帯びている．イオンのプラスまたはマイナスの電気の大きさは，元素記号の右上に示すことになっている．
> また上で述べたように，電子が原子核にどれくらい強く引きつけられているかを表すために**イオン化エネルギー**の値が用いられる．これは原子から 1 個の電子を取り去るのに必要なエネルギーである．

それでは，さらにさかのぼって，最外殻の電子を引きつけている力の正体が何であるかを考えよう．それはすでに述べたように，原子核のプラス電荷との間に働く静電引力である．ただし原子核のプラス電荷は，内殻の電子のマイナス電荷によって**遮蔽**されるので，実際に最外殻の電子を引きつける原子核の**有効プラス電荷**は，図 5·5 に示したように，原子核のプラス電荷から内殻の電子のマイナス電荷を差し引いたものになる．

以上をまとめると，最外殻の電子を引きつけているのは原子核の有効プラス電荷であり，この有効プラス電荷が小さいと，電子は弱くしか原子核に引きつけられず，そのため，電子は原子から取り去られやすい．すなわち，こうした原子は陽イオンになりやすい．一方，有効プラス電荷が大きいと，最外殻の電

$n+$
原子核

内殻電子の数
m

外殻電子を引き付ける
正電荷 $(n-m)+$

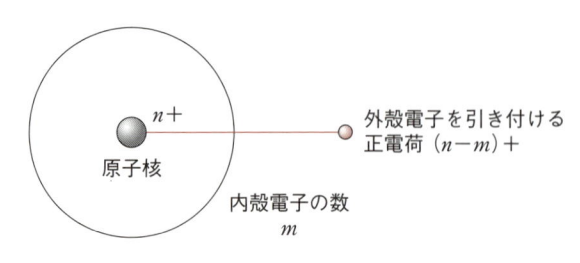

図 5·5　外殻電子にかかる静電引力

子は原子核に強く引きつけられ，原子は電子を放出するどころか，かえって取り込むようになる．すなわち陰イオンになりやすい原子ということになる．

このように原子の性質を決定づける最外殻の電子の数（すなわち，原子核の有効プラス電荷）が，原子内の軌道に電子を順に詰めていくとき，繰り返しとなることは容易にわかるであろう．このため，元素を原子量の順に並べていくと，似た性質を持った元素が周期的に繰り返し現れる，つまり元素の**周期律**が見られるのである．

この周期律を表現したのが元素の**周期表**である．周期表は，化学を学ぶときに最も基本となるものであるから，絶えず手元に置いて（本書をはじめ，たいていの教科書では見返しに載っている），考えを進めるときには，常に参考にしなければならない．

5・2・2 周期表の族

見返しの周期表を見てほしい．このように周期表上で，元素は縦の列を1つのまとまりとして18の**族**に分類される．

第1族と第2族，および第12族から第18族の元素は，原子番号が増すにつれ，外殻のs軌道またはp軌道に順に電子が詰まっていく．これらの元素は**典型元素**と呼ばれる．

一方，第3族から第11族は，d軌道に電子が詰まっていくことに対応している．これらの元素は**遷移元素**と呼ばれる．遷移元素は全て，金属元素である．

> 上のような理由から，遷移元素のことを**遷移金属**と呼ぶこともある．また，典型元素に属する金属元素を**典型金属**と呼ぶこともある．
> 典型元素と遷移元素の境界はあいまいである．12族元素は典型元素にも遷移元素にも入れられることがある．

さて，第1族元素（すなわち水素Hと，リチウムLi，ナトリウムNa，カリウムK，ルビジウムRb，セシウムCs）では，最外殻の電子を引きつける原子核の有効プラス電荷は+1なので，引力は弱い．このため最外殻電子を失っ

て，陽イオンになりやすい．また，このように1個の電子を失うと，原子は安定な閉殻構造になる．

　水素を除いた第1族元素，すなわち Li，Na，K，Rb，Cs のことを**アルカリ金属**と総称する．

　第2族元素のベリリウム Be，マグネシウム Mg，カルシウム Ca，ストロンチウム Sr，バリウム Ba，ラジウム Ra は，**アルカリ土類金属**と総称される（Be，Mg を除くこともある）．第2族元素においては原子核の有効プラス電荷は +2 で，左隣の第1族元素よりも最外殻電子を引きつける力が強く，したがって陽イオンになりにくい．これらの元素がイオンになる場合は，2個の電子を放出して2価の陽イオンになる．

　このように，金属が陽イオンになる傾向のことを**イオン化傾向**という．陽イオンになりやすいことを"**イオン化傾向が大きい**"，陽イオンになりにくいことを"**イオン化傾向が小さい**"という．

　また，第17族元素のフッ素 F，塩素 Cl，臭素 Br，ヨウ素 I は，まとめて**ハロゲン**と呼ばれる．ハロゲンでは第1族元素と反対に，最外殻電子は +7 の原子核の有効プラス電荷によって強く引きつけられている．最外殻に電子を1個取り込むと閉殻構造の**ハロゲン化物イオン**になる．

　Cl^- は"塩化物イオン"と呼ぶ．これを"塩素イオン"といってはならない．塩素イオンは Cl^+ を意味する．

　第18族元素のヘリウム He，ネオン Ne，アルゴン Ar，クリプトン Kr，キセノン Xe，ラドン Rn は，**希ガス**または**不活性ガス**と呼ばれる．

5・2・3　周期表の周期

　周期表の縦の列を族と呼ぶことは前項に述べた．同じように横の段を**周期**と呼ぶ．すなわち，元素は7つの周期に分類される．

　さてここで，周期表を下にたどると，すなわち周期にしたがって，元素の性質がどのように変化していくかを見てみよう．

5・2 電子配置と原子の性質

同じ族の元素では，最外殻の電子を引きつける原子核の有効プラス電荷の大きさは同じである．しかし周期表の位置が下にいくにつれ，プラス電荷（すなわち，原子核）と最外殻電子（マイナス電荷）との距離が大きくなる．静電引力の大きさは距離の2乗に反比例するので，周期表の位置が下である元素ほど，電子に働く引力が小さくなる．したがって電子を失って陽イオンになりやすく，言い換えると，イオン化傾向が大きいということになる．例えばアルカリ金属では，イオン化傾向の大きさは

$$Cs > Rb > K > Na > Li$$

の順である．

またハロゲンでは，周期表で上にある元素ほど電子を取り込みやすく，陰イオンになりやすい．このような陰イオンの安定性は

$$F^- > Cl^- > Br^- > I^-$$

の順である．

このように考えてくると，"ある元素の性質（ここでは，イオン化傾向のこと）は，周期表で斜め右下に位置する元素の性質と似ている"という事実も理解することができる．周期表を右にたどると原子核が電子を引きつける力が強くなり，下にいくとこの力が弱くなって，結局2つの効果が打ち消し合うからである．Li と Mg の性質が似ていることは，よく知られた事実である．この様子を**図 5・6**にまとめた．

イオン化傾向に代表される元素の特性は，**電気陰性度**によって数値化され

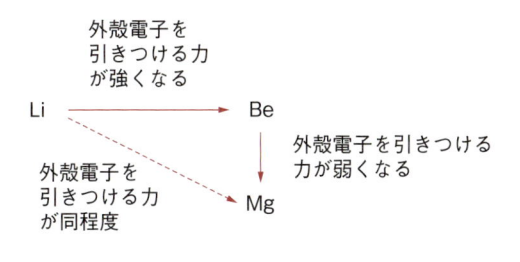

図 5・6 Li と Mg

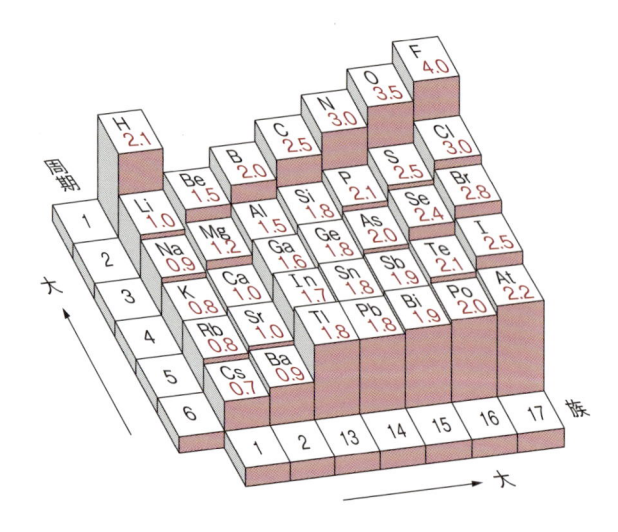

図 5·7　種々の元素の電気陰性度

る．電気陰性度は，原子が電子を引きつける力の大小を表しており，電気陰性度が大きい原子ほど電子を取り込んで陰イオンになりやすく，電気陰性度の小さい原子ほど電子を失って陽イオンになりやすい（すなわち，イオン化傾向が大きい）．電気陰性度の大きさは**図 5·7**に見られるように，周期表にしたがって周期的に上下する．

第 14 族元素である炭素 C，ケイ素 Si，ゲルマニウム Ge は，最外殻にある s, p 軌道に入る電子の定員の合計のうち，ちょうど半分が埋まった状態にある．したがって周期表上で，陽イオンにも陰イオンにもなりにくい場所に位置する．このことが，炭素が共有結合を作る原因となる．周期表の下の方にいくと，第 14 族元素もスズ Sn や鉛 Pb のように電子を失いやすくなり，金属の性質を示すようになってくる．

第 3 族から第 11 族は遷移元素である．第 4 周期の遷移元素について考えてみよう．第 21 番元素スカンジウム Sc から第 29 番元素銅 Cu までは，3d 軌道に電子が詰まっていく過程である（ただし 34 ページで述べたように，3d 軌道

と 4s 軌道のエネルギー差が小さいため，ところどころで電子の詰まり方が不規則になる）．同じ周期の遷移元素の間では，最外殻電子に働く原子核からの静電引力にあまり違いがないので，遷移元素の間の性質の違いは典型元素におけるよりも小さくなる．特に，f 軌道に電子が詰まっていく過程に対応する**ランタノイド**（第 57 番から第 71 番元素）の性質は，互いによく似ている．

第 89 番から第 103 番元素までは**アクチノイド**と呼ばれる．

なぜ元素は百種類しかないのか？ ―原子核と電子の距離―

読者にもなじみの深い，図 4・4 や**図 5・8** のような"雷さま形"の電子の軌道を見ていると，水素原子の 1s 軌道に比べてナトリウム原子の 3s 軌道などは，原子核から非常に離れたところにあるように思える．これは本当であろうか．

たしかに同じ族の元素の間で比べれば，原子番号の大きい元素ほど原子半径

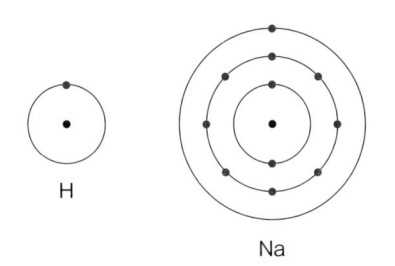

図 5・8 "雷さま形"の電子軌道

表 5・1 希ガスの原子半径

元素名	原子半径 (pm)
ヘリウム He	140
ネオン Ne	156
アルゴン Ar	188
クリプトン Kr	202
キセノン Xe	216

表中の単位 pm は"ピコメートル"と読む．1 pm = 10^{-12} m である．

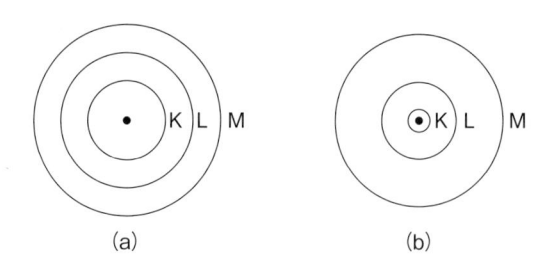

図 5·9 軌道半径の変化

　が大きい．しかし，その大きくなり方は思ったほどではない．希ガスの場合を例に見てみよう．それぞれの原子半径は，**表 5·1** に示すようになっていて，原子半径の増加は極端というほどではない．

　原子半径は一番外側の電子の軌道半径によって決まる．したがって以上のことは，最外殻電子の軌道半径は，原子番号が大きくなってもそれほど大きくなることはない，と言い換えることができる．では，最外殻電子の軌道半径の増大の代わりに何が起こっているのか．実は，内殻電子の軌道半径が急激に小さくなっているのである．特に 1s 軌道は，原子番号が大きくなるにつれてどんどん縮む．原子核の持つプラス電荷が増加することの影響をまともに受けるからである．**図 5·9** を見てほしい．K，L，M 殻のイメージは (a) ではなく，(b) のようになるであろう．

　ところで，原子番号の大きな原子の内殻電子は，原子核に強く引きつけられている．原子核の持つプラス電荷は大きく，また上で述べたように，原子核と電子との距離が小さくなっているからである．この，原子核との間に働く引力に対抗し，原子核にくっついてしまわないようにするためには，電子に大きな遠心力が働くことが必要である．つまり，原子番号の大きな原子の内殻電子は，大変な速度で運動しなければならない．ところが，物体の速度は光の速度より大きくなることはできない．元素の種類が百程度に限られる原因の 1 つは，このように，原子番号の大きな原子の内殻電子の運動の速度が大きくなりすぎてしまうことにある．

　原子核の中の陽子の数が多くなり静電的な反発力が大きくなるのも 1 つの原

因である.

　また電子の運動する速度が大きくなると，20ページで述べたように，電子の持つ波長が短くなる．これは電子の軌道の円周が小さくなることと対応している．

● 練習問題 ●

1. 次について，簡単に説明せよ．
    (a) 周期表　　(b) 典型元素　　(c) 遷移元素　　(d) フント則
2. 次の原子について，基底状態の電子配置を示せ．
    (a) リチウム Li　　(b) 酸素 O　　(c) チタン Ti
    (d) コバルト Co　　(e) ケイ素 Si
3. 次のイオンの電子配置を書け．
    (a) Li^+　　(b) O^{2-}　　(c) Ti^{4+}　　(d) Co^{2+}　　(e) Co^{3+}
4. 第4周期の遷移元素 Sc, Ti, V, Cr, Mn, Fe, Co, Ni, Cu の基底状態の原子の4s軌道，3d軌道には，それぞれ何個の電子が収容されているか．第5周期の遷移元素 Y, Zr, Nb, Mo, Tc, Ru, Rh, Pd, Ag の基底状態の原子の5s軌道，4d軌道についてはどうか．
5. 次の各組の原子を，原子半径の大きい順に並べよ．
    (a) Li, Be, B, C, N, O
    (b) Li, Na, K
    (c) C, Si, Ge
6. 次の各組の原子を，電気陰性度の大きい順に並べよ．
    (a) Li, Be, B, C, N, O, F
    (b) Na, Mg, Al, Si, P, S, Cl
    (c) Li, Na, K
    (d) F, Cl, Br, I
7. 陽イオン Na^+ の半径は，Na の原子半径に比べて大きいか，小さいか．また陰イオン Cl^- の半径は，Cl の原子半径に比べて大きいか，小さいか．さらに陽イオン K^+ の半径は，陰イオン Cl^- の半径に比べて大きいか，小さいか．

第6章 原子の機能性

　原子というミクロなレベルでは，どのような機能が生まれるであろうか．電子は，真空中に1つだけあるときには自由に，どのようにも振る舞うことができる．しかし原子核によって捉えられ，原子の中に入ってしまうと自由度を失い，ある軌道上だけしか運動することができなくなる．しかしこれは逆に見ると，電子に構造性が備わってきたということであり，機能性が発現するようになったということである．

6.1 原子の力学的特性

　力学的な性質は，物質のマクロな性質である．したがって，原子1個というミクロなレベルでは，力学的な特性は現れてこない．力学的特性は，原子・分子の集合体というマクロなレベルにおいて初めて，発現されるものである．

6.2 原子の熱的特性

　熱というものは，原子・分子の世界では，その原子・分子の運動のことである．例えば，ヘリウム He やネオン Ne などの気体原子において"温度 T が高い"というのは，原子が運動する（実際のイメージとしては"空間を飛び回る"といってもよい）速度が大きいということである（図6·1）．

6・2 原子の熱的特性

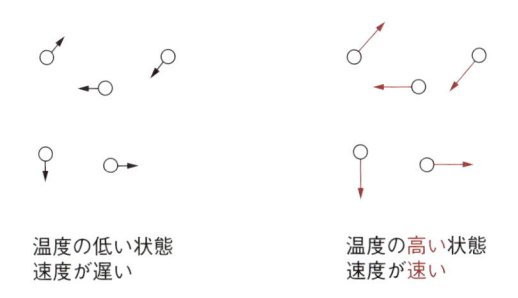

温度の低い状態
速度が遅い

温度の高い状態
速度が速い

図 6・1　気体における温度

　このときの気体原子の平均速度を v, 質量を m とすると, この原子 1 個当たりの平均運動エネルギーは $(1/2)\,mv^2$ と書くことができる. したがって 1 mol 当たりでは, これをアボガドロ定数倍, すなわち N 倍して $(1/2)\,Nmv^2$ となる. 一方, 絶対温度 T である気体原子 1 mol 当たりの平均運動エネルギーは $(3/2)\,RT$ で与えられることが知られている. ここで R は気体定数と呼ばれる. 以上より

$$\frac{1}{2}Nmv^2 = \frac{3}{2}RT$$

が成り立つ.

　　本章の説明では, 原子だけを扱っている. 分子の場合は, 分子の振動や回転などといった運動として, 内部にエネルギーを蓄えることができる（これについては第 8 章で述べる）. そのため平均運動エネルギーを, 上のような単純な形で書くことができなくなる.

　上の式から分かるように, 気体原子の平均速度 v は絶対温度 T の平方根に比例する. また同様に, v は m の平方根に反比例する. この式は全ての気体原子について成り立つから, 同じ温度で比べると, ヘリウムのような軽い原子は, ネオンのような重い原子よりも大きな速度で運動していることになる.

　　ここでは立ち入らないが, "**一定量の気体の体積は圧力に反比例し, 絶対温度に比例する**" というボイル・シャルルの法則は, このような気体原子の運動についての考察から導き出すことができる.

さて，気体原子による熱伝導は，エネルギーの大きな高速の気体原子が離れたところまで飛んで行き，その運動エネルギーを他の原子に引き渡すという現象である．したがって，大きな速度で運動している軽い気体原子は，速度の小さな重い気体原子よりも**熱伝導率**が高いことになる．それゆえヘリウムは，気体の中で最も熱伝導性に優れたものの1つである．

ヘリウムと並び，水素分子（H_2）も熱伝導性に最も優れた気体の1つである．

6.3 原子の電気的特性

"遊離の電子が動く"ということが"電流が流れる"ということであった（13ページ参照）．それでは，"原子が動く"ということが，電気を伝えたということになるであろうか．

答えはノーである．

なぜなら原子では，マイナスの電荷を持った電子とプラスの電荷を持った原子核とが，お互いの電荷をちょうど打ち消し合い，原子全体としては電荷を持たない状態になっているからである．したがって原子，つまり電子と原子核とが一緒に動いても，電流が流れたことにはならない．

しかし原子が電子を失ったり，電子を取り込んだりして陽イオン（例えばナトリウムイオン Na^+）や陰イオン（塩化物イオン Cl^-）になると，その運動は"電気を運ぶ"ということになる．

6.4 原子の磁気的特性

13ページで述べたように，遊離の電子は強い磁石であった．では原子になると，どうであろうか．

原子はたくさんの電子を持っているので，さぞ強い磁性を持つであろうと思われるかも知れない．しかし，普通の原子は全く磁性を持たないか，あるいは

小さな磁性しか持っていない．

　これは電子が原子の中に収容されるとき，スピンが反対の電子が対になって，互いの磁性を打ち消すからである．ヘリウム原子やネオン原子では，全ての電子が2個ずつ対になっていて，電子の磁性は完全に打ち消されている．ナトリウム原子では11個の電子のうち，10個までが対になっていて，1個だけが"相手のいない"状態になっている．このためナトリウム原子は，電子1個分だけの磁性を示す．

　このように，1個ずつ独立していたときには，電子は強い磁性を持っていたのに，原子の中に取り込まれると，ほとんどの磁性が打ち消されてしまう．さらに，原子が持っている"相手のいない"電子（このような電子を**不対電子**と呼ぶ）はエネルギーが高く不安定であり，他と結合を作って対になってしまう（第7章参照）．このようにして，我々が日常接する物質は磁性を示さなくなっている．もっとも，全ての物質が強い磁性を持っていたとしたら，何もかもが磁石に引きつけられ，動きがとれないであろう．自然の仕組みはうまくできている．

　さて，以上述べたように普通の原子は磁性を持たないのに，強い磁性を持つ例外的な原子が存在する．それは遷移元素である．第5章で述べたように，遷移元素はd軌道に，安定ないくつかの不対電子を持っており，しかもそのスピンの方向が揃っているので強い磁性を持つ．鉄やコバルトが強い磁石になることは，日常経験するところである．

　同じようなことは，d軌道についてだけでなく，f軌道についても起こる．7個あるf軌道（スピンの別を考えると14個のf軌道）に電子が詰まっていく過程がランタノイドとして現れるが，近年，これらの元素も磁性材料として利用されるようになった．小さな体積でも強い磁性が得られるので，集積回路になくてはならないものとなっている．ランタノイドの中ではネオジムNdの合金が強力な磁性材料になる．

ランタノイドにスカンジウム Sc，イットリウム Y の 2 元素を加え，**希土類元素**と総称する．

6.5 原子の光学的特性

遊離の電子には，目立った**光機能性**がない．ところが，原子の中に入った電子はすばらしい光機能性を発揮する．"原子の中に入る"ということは，電子が自由度を失って，量子力学が支配する（すなわち，波の性質が支配する），"厳しい制約"を受けるようになるということである．しかし，この"厳しい制約"が，逆に見事な光機能性を生み出すことになる．

最も基本的な光機能性である**光の吸収と放出**，すなわち**物質の色**が，この"制約"から生まれてくる．赤色に輝くネオンサインをご存じの方も多いであろう．まずはこれを例にとって，光の放出のメカニズムに迫ってみる．

6・5・1 光の放出

図 6・2 に示したように，ネオンサインの構造は簡単で，ネオンガスを詰めたガラス管の両端に電極が付いているだけである．この電極の間に電圧を掛けて加速した，エネルギーの高い電子を飛ばす．すると，この電子はネオン原子に衝突してネオン原子にエネルギーを与え，その原子中の電子を，エネルギーの低い内側の軌道からエネルギーの高い外側の軌道へとたたき上げる．このよう

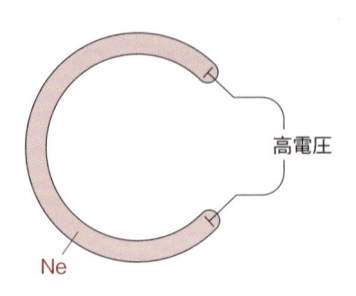

図 6・2　ネオンサインの構造

にしてできた状態を，**励起状態**と呼ぶ．

上で述べたような，エネルギーの高い軌道へ電子がたたき上げられる現象を**電子励起**と呼ぶ．より一般的には，エネルギーの高い状態になることを指して**励起**と呼ぶ．

また同じように，電子励起によって生じた励起状態を，特に電子的励起状態と呼ぶ．

励起状態では，エネルギーの高い外側の軌道に電子があり，エネルギーの低い内側の軌道の電子が失われているので，やがて外側の軌道の電子が内側の軌道に落ちてくる．このとき，外側の軌道と内側の軌道のエネルギー差 ΔE に相当するエネルギーを光として放出する．すなわち，**光の放出**が起こる．光のエネルギー ε（イプシロン）は，振動数を ν（ニュー），プランク定数を h とすると一般に $\varepsilon = h\nu$ で与えられるので，いまの場合

$$\Delta E = h\nu$$

で計算される振動数 ν の光が放出される．前にも述べたように，原子の中の電子の軌道のエネルギーは少しのばらつきもなく，宇宙全体どこでも同じである．したがって，全てのネオン原子は，宇宙のどこにおいても，同じ色で光ることになる．

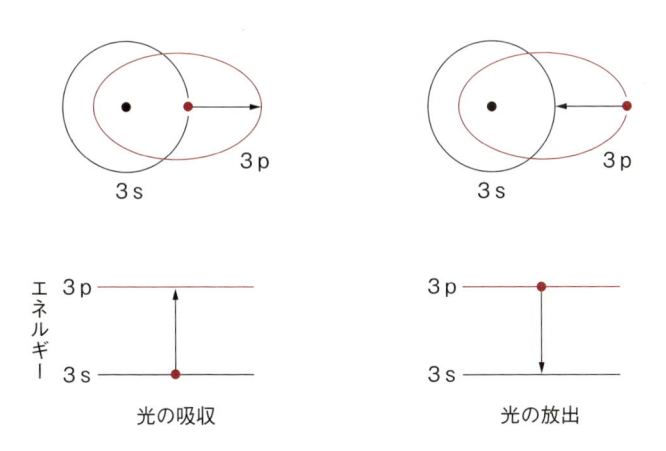

図 6·3 光の吸収と放出，軌道の間を電子が移動する様子（ナトリウム原子の場合）

振動数 ν と波長 λ の間には，c を光の速さとして，$\lambda = c/\nu$ の関係がある．

なお，光の吸収の場合は，上で述べたのとほぼ逆の過程をたどるものと考えてよい．これまでに述べたような，光の吸収と放出，軌道の間を電子が移動する様子を図 6·3 に示す．

量子力学の法則によって，内側と外側の"中間の軌道"の存在は許されない．したがって，軌道間の電子の移動は瞬時に起こり，光を放出することになる．

以上では，ネオン原子を例に説明したが，ナトリウム原子でも同じことである．高速道路のトンネル内の照明でおなじみのナトリウムランプでは，励起されたナトリウム原子が黄色に光っている．面白いことに，ナトリウムランプの色はナトリウムの炎色反応の色と同じである．**炎色反応**でも，ナトリウムランプの中で起こるのと同じように，外側の軌道から内側の軌道へと電子が移動するときに光が放出されているのである．また，野球場でおなじみの水銀灯は，水銀原子から放出される光を利用している．花火の美しい色は炎色反応によっている．美しい赤にはストロンチウム，黄色にはナトリウム，緑色にはバリウムが使われる．

炎色反応の色の違いや，ランプの色の違いから分かるように，原子はそれぞれに特有の色の光を放出する．これは原子がそれぞれに，エネルギーの異なる電子の軌道を持っているからである．

光を X 線の領域にまで広げて調べてみると，原子番号と原子が放出する X 線の波長との間にはきれいな関係があることが分かり（モーズリーの法則，1913 年），化学の分野では周期律の確立に，物理学の分野では新しく興ってきた量子力学の基礎として，大きな役割を果たした．

原子がそれぞれ特有な波長の（すなわち特有な色の）光を吸収したり放出したりすることは，物質の発する光の色が，科学の広い分野で物質に関する情報源として重要であることを意味する．遠い宇宙の星から来る光を綿密に分析すれば，その星がどのような元素でできているかも知ることができる．第 2 番元素ヘリウムはそのようにして見つかった元素である．ヘリウムという名前は太

陽を意味するギリシャ語のヘリオスに由来している．ヘリウムは発見当時地球上では見つかっていなかった物質である．化学者は自身が手にしていない物質でもその実在を確信して，元素の1つとしてノミネートしたのであった．その後，ヘリウムは石油の油田から取り出されるようになり，現在では，超伝導のための低温を作るために使われている．

このように言ってくると，物質の色は構成元素によって決まってしまうのではないかという誤解が生まれるかもしれない．しかし，それは違う．第8章（8・3・5項）で述べるように，電子の軌道は結合を作ることによって変わってくる（94ページ参照）．物質の色は，結合によって一層多彩な広がりを見せるのである．

● 練習問題 ●

1. 次について，簡単に説明せよ．
   (a) 原子の温度   (b) 原子による熱伝導   (c) 不対電子
   (d) 原子からの光の放出   (e) ナトリウムランプ
2. 以下の気体を，熱伝導率の大きい順に並べよ．
   水素 H_2，酸素 O_2，オゾン O_3，窒素 N_2，二酸化炭素 CO_2，アルゴン Ar，ネオン Ne
3. 次の原子において，磁性に関与する電子，すなわち不対電子の数はそれぞれいくらか．
   (a) 鉄 Fe   (b) Fe^{2+} (c) Fe^{3+} (d) チタン Ti   (e) Ti^{4+}
   (f) 白金 Pt   (g) ネオジム Nd   (h) サマリウム Sm
4. ネオンサインなどとしてよく知られるように，希ガスを管に詰めて放電すると，きれいな色を発して光る．このとき，希ガスの種類によって色が異なるのはなぜか．

第7章 結合のいろいろ

　分子というものがなく，原子だけしか存在しない世界を想像してみよう．元素は百種類くらいしかないので，原子の数もその程度で，結局，物質の種類は百くらいに限られてしまう．これは単調で，貧しい世界である．複雑な生命など創造される余地がない．

　まさに原子が結合を作ることによって無数の，多様な化合物が作り出されているのである．また同時に，結合の切断と再生によって，原子が離合集散を繰り返し，これが生き生きとした多様な物質世界，生物世界を作り出しているのである．

　本章では**イオン結合**，**共有結合**，**金属結合**などと呼ばれる**結合**について学ぶ．

7.1 結合というもの

　我々のこの世界が，無数で多様な化合物に恵まれているのは，原子どうしの**結合**が存在するからである．原子間の結合がなければ，この世に存在する物質は元素の数程度，せいぜい百種類くらいに限られてしまう．生命の存在さえも，結合があればこそのものといえるのである．

　結合が作り出す物質や機能については第8章で述べることにし，ここでは，その基礎となる結合そのものについて，その種類やメカニズムを考えることに

する．

　本書では単に**結合**と呼ぶことにするが，一般には**化学結合**という呼び方もされる．
　本章では**イオン結合**，**共有結合**，**金属結合**などについて学び，**水素結合**については 98 ページで述べることにする．

　大別すると，結合はイオン結合と共有結合とに分けることができる．金属結合は共有結合の一種と考えてよい．また**配位結合**も同様に，共有結合の一種と考えてよい．後にくわしく述べるが，イオン結合と共有結合の大きな違いの 1 つは，結合に関する方向性の有無である．**イオン結合には方向性がなく，共有結合には方向性がある**．またイオン結合からなる分子と，共有結合からなる分子とには，次のような違いがある．すなわちイオン結合は水の中で切れる．したがってイオン結合で作られた分子は，水中でイオンに解離してしまう．一方，共有結合で作られた分子は気体，液体，固体，溶液など，状態が変わっても結合が切れることがなく，したがって分子の構造が変わらない（もちろん，反応が起こる場合は別であるが）．

7・2　イオン結合のプロフィール

イオン結合は，陽イオンと陰イオンの間に働く静電引力によってできる結合である．

　陽イオンの代表的なものはナトリウム，鉄などの金属イオンである．ナトリウム Na は常に 1 価の陽イオン Na^+ になるが，鉄 Fe は 2 価の陽イオン Fe^{2+} になる場合と，3 価の陽イオン Fe^{3+} になる場合がある．一方，陰イオンの代表的なものは塩化物イオン Cl^- などのハロゲン化物イオン，硫酸イオン SO_4^{2-}，硝酸イオン NO_3^- などである

　38 ページでも述べたように，Cl^- を"塩素イオン"と呼ぶのは間違いである．塩素イオンは Cl^+ を意味する．

　イオン結合の実際の例を見てみよう．我々が日常よく目にする食塩，すなわち塩化ナトリウム NaCl の結晶は，**図 7・1** に示すように，規則的に配列した

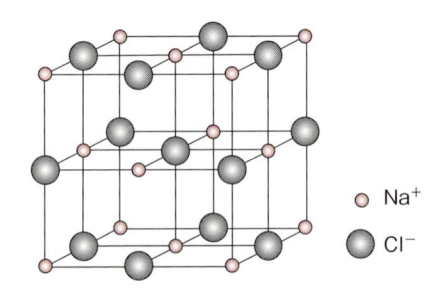

図7・1 塩化ナトリウムの構造

Na$^+$ と Cl$^-$ とから構成されている．このように交互に，ほとんど無限につながった Na$^+$ と Cl$^-$ とが，静電引力によって結びつけられ結晶を形作っている．これが高温に加熱され，気体となった塩化ナトリウムは，Na$^+$ と Cl$^-$ とがイオン結合で結びつけられた NaCl 分子である．

　なおイオン結合の大きな特徴は，次に述べる共有結合と違って，**結合に方向性がないこと**である．

7・3 共有結合のプロフィール

　2つの原子がそれぞれ1個ずつの電子を出し合い，その電子が2つの原子に共有されることによって生じる結合が**共有結合**である．電子を共有することによって，原子は閉殻構造になる．

　もう少しくわしくいうと，2つの原子から，それぞれ1個ずつ提供された電子2個が，それぞれの原子の原子核の中間に位置し，このマイナスの電気を帯びた電子が，プラスの電気を帯びた原子核を，それぞれ静電引力で結びつけることによって生まれる結合が共有結合である．

7・3・1 共有結合とは

　では共有結合の"本質"を，水素分子について考えてみよう．
　いま水素の原子核2つを，水素分子の結合距離である 0.74 Å だけ隔てて置

いてみる．

結合距離とは，結合している 2 つの原子の原子核の間の距離をいう．**原子間距離**と呼ばれることもある．

Å は長さの単位で"オングストローム"と読む．1 Å $= 10^{-10}$ m である．

このとき，プラスの電気を帯びた水素原子核どうしに働く静電的な反発力の大きさ F は，以下のようにして求めることができる．

$$F = \frac{1}{4\pi\varepsilon_0}\frac{QQ'}{r^2}$$
$$= 8.99 \times 10^9 \,(\mathrm{Nm^2/C^2}) \times \frac{1.60 \times 10^{-19}\,(\mathrm{C}) \times 1.60 \times 10^{-19}\,(\mathrm{C})}{\{7.4 \times 10^{-11}\,(\mathrm{m})\}^2}$$
$$= 4.21 \times 10^{-8}\,\mathrm{N}$$

N は力の単位で"ニュートン"と読む．

この力の大きさを，水素分子 1 mol 当たりの大きさに直してみると，1.3×10^{16} N となる．引力と反発力という違いはあるが，この力の大きさは，1300 億 t もの物体に掛かる重力に相当する．つまり**静電的な力は，万有引力に比べて，圧倒的な強さを持っている**のである．

では次に**図 7·2** のように，このような 2 つの水素原子核の真ん中に，1 個の電子を置いてみる．すると，水素原子核と電子の間に静電引力が生じる．水素原子核と電子との距離は，2 つの水素原子核の間の距離の 1/2．したがって，水素原子核と電子の間に働く静電引力の大きさは，上で求めた水素原子核どうしの間に働く静電的な反発力の $1/(1/2)^2 = 4$ 倍になる．電子は両側の水素原

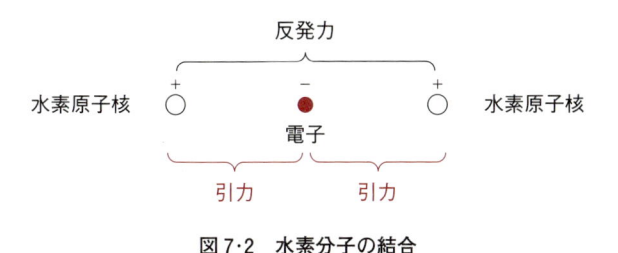

図 7·2 水素分子の結合

子を引きつけるので，電子と水素原子核の間の引力の大きさは，水素原子核間の反発力の8倍に達し，引力が反発力に勝ることになる．

このような，**電子を仲介とした静電引力**が共有結合の"本質"である．

> 実際の水素分子では，原子核の間の電子は2個であり，2個の電子が共同して，2つの原子核をつなぎ止めている．もちろん，共にマイナスの電荷を持った2個の電子の間には静電的な反発力が働く．しかし電子は，互いにぶつからないように動きながら反発力を軽減している．2つの電子が対になるのは量子力学的な現象なので，これまで述べてきた，古典的なイメージでは説明できない．

以上のように共有結合は，プラスに帯電した2つの原子核の中間に電子が位置し，それを仲介とした静電引力によって2つの原子核が結びつけられていること，またその力の大きさは万有引力に比べ，とてつもなく大きいものであることが分かった．

H–H
図7·3 価標
（水素分子の例）

このようにして形成された共有結合は，図7·3に示すように，原子と原子との間を結んだ**価標**と呼ばれる短い直線で書き表される．

7·3·2 共有結合と電子の軌道の変化

共有結合は，電子が原子に共有されることによって生じる．原子の中で，電子はある一定の軌道を運動していたのであるから，共有結合を作るときも，その軌道の形が，それほど大きく変わることはないであろう．結合に関わる電子が収容されている2つの軌道が"融合"し，新たに2つの原子核の周りを回る軌道ができる．そして，その新しい軌道を2つの電子が運動することになるのだと考えられる．

> このように，複数の原子核にまたがって運動する電子の軌道を**分子軌道**と呼ぶ．59ページに述べるように，軌道の融合によって2つの軌道ができ，そのうちエネルギーの低い軌道に電子が入る．

こうした仕組みを考えることで，共有結合の1つの特徴である，**結合に方向性がある**ということが理解されるようになる．窒素原子と炭素原子の場合を例

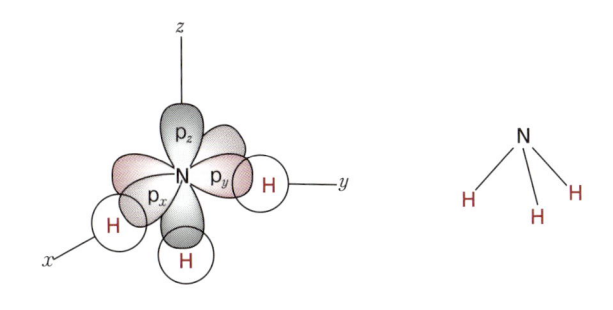

7・3 共有結合のプロフィール　　　　　　　　　　　57

図7・4　アンモニア分子の形
三角錐形をしている．

に，この問題について考えてみよう．

(1) 窒素原子の場合

まず，窒素原子Nを考えよう．NはL殻に5個の電子を持っている．すなわち2s軌道に2個，$2p_x$, $2p_y$, $2p_z$ 軌道にそれぞれ1個ずつの電子が収容されている．Nは互いに直角方向を向いた $2p_x$, $2p_y$, $2p_z$ 軌道の電子を使って水素原子Hと共有結合をする．このような結合によって生じるアンモニア NH_3 は，したがって平面状ではなく，図7・4に示すような，Nを頂点とした三角錐の形になる．

(2) 炭素原子の場合

炭素原子には，やや特殊な事情がある．

炭素原子Cは基底状態において最外殻のL殻に4個の電子を持っている．そこでCは，最外殻に1個の電子を持つ4つの水素原子Hと共有結合を作り，L殻に電子が8個入った状態になって，安定なメタン CH_4 を作る．

これを，もう少しくわしく見てみよう．32ページで述べたように，基底状態にある炭素原子CのL殻の電子配置は，2s軌道に2個の電子が，3つの2p軌道のうちの2つの軌道に1個ずつの電子が入り，残り1つの2p軌道には電子が入っていないというものである．ところが結合を作ることになると，まず2s軌道の電子1つを，空いている2p軌道に移すことをする．そして，そのうえで共有結合を作る．この結果，図7・5 (a) に示すように，炭素原子は4つ

58　第7章　結合のいろいろ

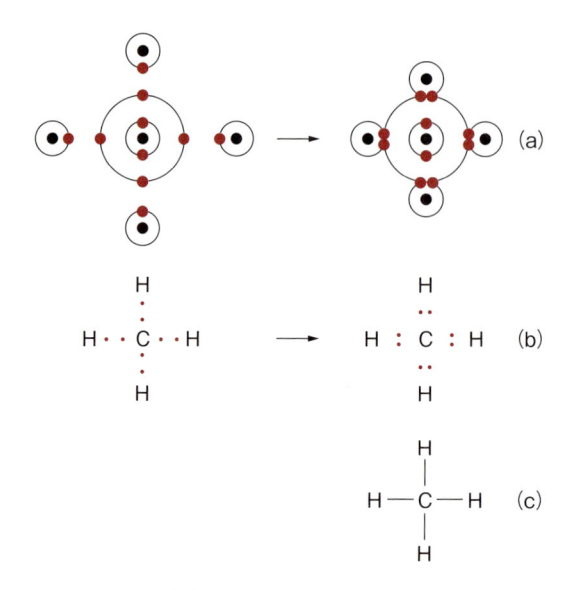

図7・5　炭素原子の結合──メタン分子の生成

の水素原子Hと4つの共有結合を作り，同時にCのL殻は8個の電子を持つことになって閉殻構造となり，安定化する．

　以上の過程については，さらにくわしく68ページで述べる．ところで図7・5 (a) は，すでに読者にもなじみ深くなったであろう"雷さま形"の電子の軌道を使って図示したものである．同じことを，最外殻電子だけに注目して**図7・5 (b)** のように書く方式もある．さらに (b) の右辺は，56ページで述べた価標を使って (C) のように書くこともできる．(C) のように，価標によって結合状態を表したものは**構造式**と呼ばれる．

　ここでもう1つ複雑な事情がある．それは，こうしてできた4つの結合が皆，等価であるということである．s軌道とp軌道とは性格が異なっているので，炭素原子Cの2s軌道を使ってできた1つの結合と，2p軌道を使ってできた3つの結合とは，性格が違っていてもよい．しかし，メタンCH_4の4つのC−H結合は皆，等価なのである．これは，Cのs軌道とp軌道とが混ざり合って，新たに等価な4つの軌道ができたからであると考えることができる．

このような現象を**軌道の混成**と呼ぶ．軌道の混成については7・5節であらためて説明することにする．

なお共有結合は，原子間で電子を共有するので，互いに電子を引く力に違いがない，あるいは違いの小さい原子と原子との間で生じる．炭素の鎖が安定なのは，このことが原因である．

7・3・3　結合性軌道と反結合性軌道

前項では，共有結合を作る2つの原子の**原子軌道**が"融合"し，新しい1つの軌道ができることを述べた．この融合によって生じた新しい軌道に入った電子は，元の原子軌道に入っていた場合に比べて安定になる．だからこそ，原子は原子のままでいることを嫌って，共有結合を作り（すなわち新しい軌道を作り，その軌道の中を電子が運動する），分子となって安定化するのである．

このように新たに生じた，元の原子軌道よりもエネルギーが低く安定な軌道を**結合性軌道**と呼ぶ．

ところで実は，ここでもう1つ隠れた現象が起こっている．それは結合性軌道が生じるのと同時に，元の原子軌道よりもエネルギーの高い軌道，すなわち**反結合性軌道**が生じていることである．しかしすでに述べたように，共有結合にあずかる電子は2つとも，エネルギーの低い結合性軌道にスピンを互いに逆にして収容されており，エネルギーの高い反結合性軌道は，空のまま残されている．この様子を**図7・6**に示した．

結合性軌道になるか反結合性軌道になるかは重なる軌道の符号によって決まる．例として，図7・6に2つのp軌道の重なりによるシグマ結合のできる様子を示した．同じ符号の軌道同士の重なりが結合性軌道を生み出し，異符号の軌道の重なりは反結合性軌道を作る．

> 後に94ページでもっとくわしく説明するが，物質に色がついて見えるのは，ほとんどの場合，結合性軌道の電子が，反結合性軌道にたたき上げられることが原因となっている．2つの軌道のエネルギー差に相当する波長の光が吸収される

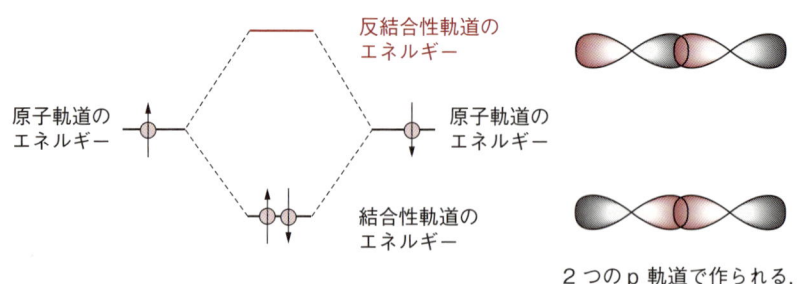

図7·6　共有結合生成による軌道の分裂

ことになるが，このエネルギー差は結合状態によって様々に変化するので，したがって物質の色も，結合状態によって千変万化する．

7·3·4　シグマ結合とパイ結合

さらに共有結合では，**シグマ結合**と**パイ結合**の違いに注意する必要がある．"シグマ"や"パイ"にギリシャ文字を使って**σ結合**や**π結合**と書いてある本も多いが，同じことである．

> シグマ結合とパイ結合をきちんと理解するためには，前ページで少し触れた**軌道の混成**について知っておかねばならない．しかしこれは，"化学を本格的に学ぶ"場合には基礎となる重要な概念であるが，"モノを使う立場"からは少し面倒な勉強になるかも知れないので後に回し，本書ではまず，不正確かも知れないが，以下のような簡略化した形で説明を始めることにする．

(1) 単結合，二重結合と三重結合

ではまず，"炭素原子 C は基底状態において最外殻の L 殻に 4 個の電子を持っていて，4 個の共有結合を作る"というところから出発しよう．

図7·7 を見てほしい．エタン C_2H_6 の結合は簡単である．1 本の共有結合(このような結合を**単結合**と呼ぶ)によって C と水素 H のそれぞれが結ばれている．一方，エチレン C_2H_4 は，C と C の間で 2 本の共有結合を作り，C の最

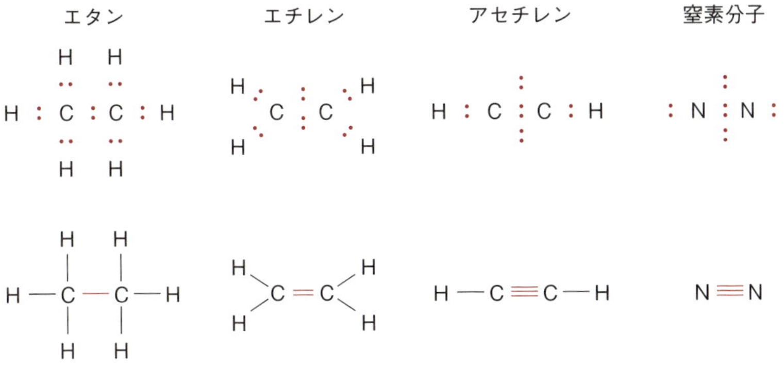

図 7·7　二重結合と三重結合

外殻電子を 8 個にして安定になる．このような結合を**二重結合**といい，2 本の価標で表現する．同様にアセチレン C_2H_2，窒素分子 N_2 は，それぞれ C または N どうしが，3 本の共有結合である**三重結合**によって結びつけられている．

すでに述べたように，図 7·7 の上段の一組は，最外殻電子だけに注目して書く流儀にしたがったものである．もちろん，共有結合を価標で表した下段の方式も用いられる．下段のような図を**構造式**と呼ぶことも，58 ページで述べた．

(2) パイ結合とシグマ結合

さて，まずエチレン $CH_2{=}CH_2$ の二重結合に注目しよう．二重結合を作る 2 本の結合は，構造式からは同じように見えるが，実は性質が大変違っている．一方の結合は，臭素 Br_2 などと以下のように反応して切れてしまうが，もう 1 つは切れにくい．

$$CH_2{=}CH_2 + Br_2 \rightarrow CH_2Br{-}CH_2Br$$

この違いは，2 本の結合のうちの 1 本が，強く結合する性質の**シグマ結合**であり，もう 1 本が結合する力の弱い**パイ結合**であることによる．

結合の“強い”“弱い”は，その結合を切り離すのに必要なエネルギーの値を目安に表されることが多い．この値を**結合エネルギー**という．

窒素分子 N≡N ではどうであろうか．N≡N の三重結合を作る 3 本の結合の

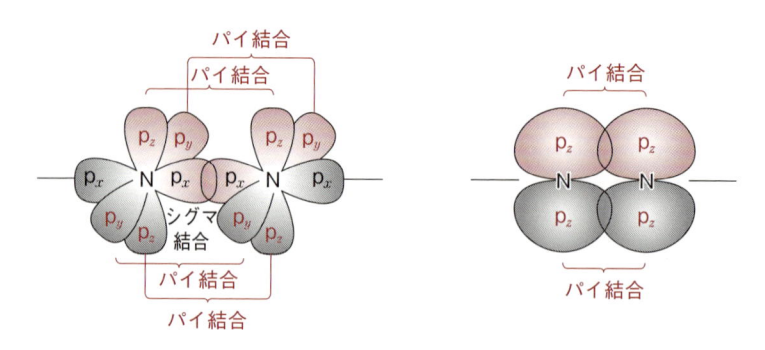

図7·8 シグマ結合とパイ結合（窒素分子の例）

うち，1本はシグマ結合と呼ばれる強い共有結合で，あとの2本はパイ結合と呼ばれる弱い共有結合になっている．

　それでは，シグマ結合とパイ結合とは，どのように異なるのであろうか．それにはそれぞれの結合が，どのように生じるものなのかを見ればよい．以下でN≡Nを例に説明することにする．

　基底状態の窒素原子Nの不対電子は$2p_x$，$2p_y$，$2p_z$軌道に1つずつ入っている．いま2つのNを，お互いの$2p_x$軌道どうしが向かい合う形で近づけ，$2p_x$軌道どうしが重なったところで置いてみる．するとこのとき図7·8左のように$2p_y$，$2p_z$軌道は互いに平行に並んで，側面が2組の場所で重なり合うような配置をとることができる．ここではp_y，p_z軌道を細長い形で描いたので，平行したp軌道の重なりは実感できないが，24ページの図4·4Bのように，p軌道はずんぐりした形をしている．図7.8右にp_z軌道だけを取り出して描いてみると，2つのp_z軌道の重なりが（p_x軌道どうしの向かい合った重なりに比べて小さい重なりではあるが）見てとれる．つまり合計3組の場所で，電子の軌道の重なり合い，すなわち共有結合ができていることになる．前者のように，**電子の軌道が向かい合って重なり生じる共有結合をシグマ結合**という．これは軌道の重なりが大きいので強い結合になる．一方，後者のように，電子の軌道の側面の重なりによって作られる共有結合を**パイ結合**といい，これは軌道の重なりが小さいので弱い結合になる．

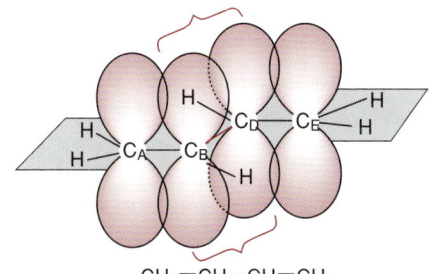

7・3 共有結合のプロフィール 63

CH₂＝CH－CH＝CH₂

本来パイ結合がなかったはずのC_B, C_Dのパイ電子が重なり合い, C_B－C_Dの間にパイ結合ができて, パイ電子は端から端まで自由に移動できるようになる（ここでは軌道の ＋, － は無視している）.

図7・9 二重結合の共役

(3) 共役とベンゼン環

2つの二重結合が単結合を挟んで並んでいるとき, これを二重結合が**共役**しているという.

例として, C＝C－C＝Cのような系を考えてみよう. この系では, 全ての炭素原子のp軌道が重なり合い, **図7・9**のように, 本来パイ結合をしていなかったはずの中間の2つの炭素原子についても, お互いがあたかもパイ結合をしているかのような形になる. このようになると左右のCの間, すなわち系の端から端まで, 電子が自由に動けるようになる. すなわち, 電流が流れるようになる. また, こうして2つのパイ結合の間で電子の行き来ができるようになると, 2つのパイ結合が独立して存在している場合に比べて安定化する.

つまり二重結合と単結合とが交互にたくさんつながった系, すなわち**共役系**では, 電気伝導性が現れるとともに, 大きな安定化が得られるのである. 上で述べたような共役系の**パイ電子**に対して, シグマ結合を作っている電子は2つの原子の間だけしか動けないから, シグマ結合だけからできた物質は電気を伝えにくい. **図7・10**のように, 共役系が環になって, エンドレステープのようにつながったものが**ベンゼン環**である. ベンゼンC_6H_6が示す特別な性質, すなわち二重結合を持っていながら付加反応を起こさない性質は, ベンゼン環の

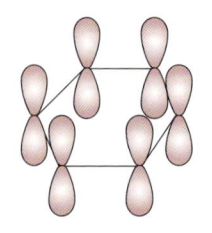

図7・10 ベンゼン環
(図7・9と同じで軌道の＋，－は無視している)

共役による安定化から生まれたものである．

しかしベンゼンには電気伝導性はない．電子の動ける範囲が環内に限られるからである．ベンゼン環が縮合したグラファイトは，電子が広い範囲で動けるため電気伝導性がある．

付加反応について，本書では特に説明を加えない．C=Cの二重結合が起こす代表的な反応の1つとだけ覚えておけばよい．興味のある読者は，有機化学のテキストを見るとよいであろう．

7・3・5 共有結合の分極

同種の2つの原子間の共有結合，すなわち"理想的"な共有結合では，電子は結合している2つの原子の周りを同じ"割合"で回っている．しかし異なった2つの原子が共有結合した分子，例えば塩化水素 H−Cl のような分子では事情が異なってくる．そこでは，水素原子 H に比べて塩素原子 Cl の方が電子を引きつける力が強いため，共有結合を作っている電子は，Cl の方に偏って回るようになる．すなわち，電子が Cl の周りにいる確率が，H の周りにいる確率よりも高くなる．この結果，H はプラスの電気を帯び，Cl はマイナスの電気を帯びることになる．このように，共有結合を作っている電子が偏ることを結合の分極という．

ただし，ここで注意しておかなければならないことは，"電子は完全に H から Cl に移り切っているというわけではない"ということである．あくまでも"電子は H の周りも回っていて，しかし，Cl の周りにいる確率の方が高い"というだけなのである．したがって，この現象を書き表す場合，完全に電荷

$\delta+ \quad \delta-$ $\quad \delta+ \quad \delta-$
H : Cl $\quad\quad$ H → Cl

図7・11 分極の表し方

7・3 共有結合のプロフィール 65

が移り切ったかのような H$^+$, Cl$^-$ のような表記を用いることは好ましくない．分極の様子は，**図7・11**のように表すことになっている．

ここで δ+，δ− という記号に気づかれたことであろう（δは"デルタ"と読む）．この δ を +，− の前に付けることで，電子が片方の原子に完全に移り切っているのではなく，かつ H や Cl の上に現れる電荷の大きさが，電子の電荷よりも小さいことを表現している．

なお原子の上に現れる電荷の大きさは，分子の置かれている環境によっても変化する．H−Cl は，真空中では H の電子の 18 % が Cl の方に移っているが，水中ではこれが 100 % になって，H$^+$ と Cl$^-$ というイオンに分かれてしまう．

　上のように，物質がイオンに分かれてしまう現象を**電離**という．生じたイオンは，水中では水分子に囲まれて安定化する．

7・3・6 配位結合

共有結合の一種として，**配位結合**の理解も重要である．

図7・12に示すように，窒素原子 N は 3 個の水素原子 H と 3 つの共有結合を作り，L 殻に 8 個の電子を収容してアンモニア NH$_3$ となって安定化する．しかし**図7・13**に示すように，さらに NH$_3$ は H$^+$ と結合して，アンモニウムイオン NH$_4$$^+$ になる．H$^+$ はもともと電子を持っていなかったが，このとき N か

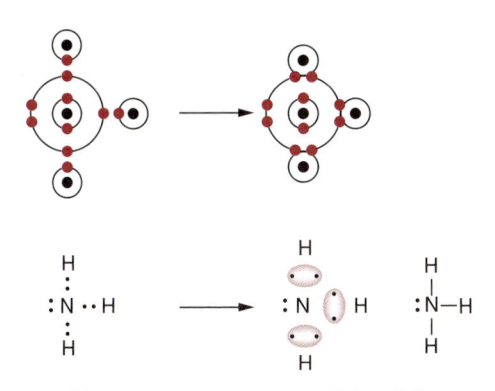

図7・12　アンモニア NH$_3$ の結合の生成

```
      H                              ⎡   H    ⎤+
      ··                             ⎢   ··   ⎥
  H : N :     H⁺  ⟶                  ⎢ H : N : H ⎥
      ··                             ⎢   ··   ⎥
      H                              ⎣   H    ⎦
```

図7・13　アンモニウムイオンの結合の生成

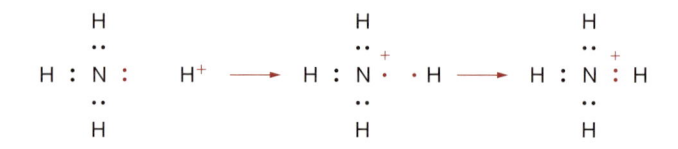

```
    H                    H                    H
    ··                   ··                   ··
H : N :     H⁺  ⟶   H : N ·  · H⁺  ⟶   H : N : H
    ··                   ··                   ··
    H                    H                    H
```

図7・14　配位結合のメカニズム
　　　　Nから電子1個がH⁺に与えられ，そのあとで共有結合ができる．

ら2個の電子をもらってK殻を満たすようになっている．ここで作られる結合は，2つの原子が電子を共有するのだから共有結合に他ならない．ただし，これまで考えてきたものと違って，共有される電子が一方の原子のみから提供されている．つまりNが2個の電子をH⁺に与えて共有結合を作っている．このような結合を配位結合と呼ぶ．

　これは，図7・14のように考えると理解しやすい．
　つまり，まずNから電子1個が取り出され，H⁺に与えられる（したがってNはプラスに帯電し，H⁺は中性になる）．そして，こうした上で共有結合が作られると考える．このように考えれば，Nの上にプラス電荷が溜まることも理解される．つまりNから電子1個がH⁺に与えられ，その後で共有結合ができるのである．

　以上述べてきた共有結合は，数個から数百個の原子をつなぎ合わせて分子を作り，またある場合には無限に連なって，我々が直接手に触れることのできる結晶を作るに至ることもある．
　高分子化合物（ポリマーと呼ばれることもある）も共有結合からなる物質である．これは重要な物質群であるので，第10章であらためて議論することに

する．

7.4 金属結合のプロフィール

図7·15のように，電子がたくさんの原子と原子の間を動き回って原子を結びつけている結合を**金属結合**という．

金属，例えばナトリウム Na を考えよう．ナトリウム原子には最外殻の電子が1個しかない．この1個の最外殻の電子が，隣接したたくさんのナトリウム原子の間をいそがしく動き回って原子と原子とを結びつけている．したがって金属結合は，結合の数に対して電子の数が少ないとき，また電子が動きやすい元素の場合にできやすいことになる．

最外殻の電子のことを**価電子**と呼ぶことがある．また上で述べたように，原子と原子の間を動き回り，1つの原子に固定されていない価電子を**自由電子**という．"電子が動きやすい元素"とは，原子核による電子の引きつけが弱い，すな

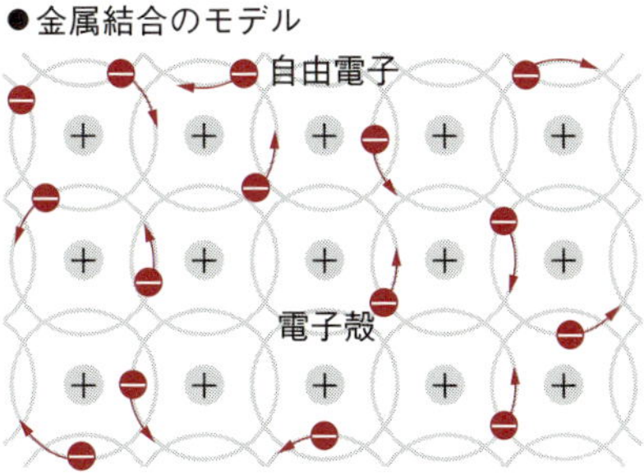

図7·15 金属結合のイメージ

わち**イオン化エネルギー**が小さい元素である（原子から1個の電子を取り去るのに必要なエネルギーを**イオン化エネルギー**と呼ぶことは36ページで述べた）．

そのため第1族のアルカリ金属において，金属結合性が最も高くなる．第2族，第3族と最外殻の電子数が増し，またイオン化エネルギーが大きくなっていくにしたがって金属結合性が低くなり，共有結合性が高くなる．遷移金属になると，d軌道の電子までが結合に関与してくるので金属結合性が弱まり，共有結合性が強まる．これら結合の性質が，金属の力学的特性や電気的特性に反映する．

7.5 軌道の混成 ─共有結合をさらに理解するために─

最後に，7・3節でスキップした軌道の混成について学ぼう．これは炭素を主成分とする化合物，すなわち**有機化合物**を理解するために，ぜひとも必要な知識である．

実際の例を見てみよう．基底状態にある炭素原子Cは，L殻に4個の電子を持つ．すなわち2s軌道に2個，2p軌道に2個の電子が入っている．この状態では，不対電子は2p軌道の2個の電子であるから，Cは2価で，2個の水素原子Hと結合してCH_2という分子を作ることが予想される．しかし実際に安定なのは，4個のHが結合したメタンCH_4である．Cが4個のHと共有結合を作るまでには，次のような，ちょっと複雑な過程が含まれている．

① 2s軌道の電子が，エネルギーの高い2p軌道に上げられる（これを**昇位**という）．

② さらに，1つの2s軌道と3つの2p軌道とが混ざり合って（これを**軌道の混成**と呼ぶ），s軌道の性質を1/4，p軌道の性質を3/4だけ持った新しい軌道（この新しい軌道を一般に，**混成軌道**と呼ぶ）が4つできる．

③ それぞれの混成軌道が，Hと共有結合を作る．

上のような軌道の組み合わせで生じた混成軌道を特に**sp^{3}混成軌道**という．そ

7・5 軌道の混成—共有結合をさらに理解するために— 69

炭素原子の基底状態　2s ↑↓　2p ↑ ↑ ☐

s 軌道の電子を p 軌道へ昇位させる

2s ↑　2p ↑ ↑ ↑

混成

sp³ 混成軌道　↑ ↑ ↑ ↑

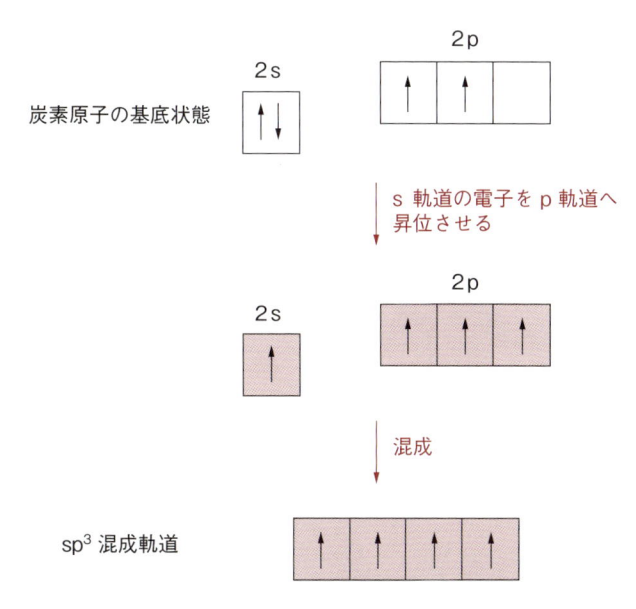

図 7・16　CH₄ の結合（sp³ 混成軌道）

の生成の様子を**図 7・16** に示した．

　軌道の混成とは，文字通り"軌道が混ざり合うこと"である．量子力学の言葉で表現すれば"波動関数の線形結合をとること"である．

　混成軌道には上で述べた **sp³ 混成軌道**のほかに **sp 混成軌道**，**sp² 混成軌道**がある．それぞれについて以下で説明していくことにする．まずは，簡単な sp 混成軌道から始めよう．

7・5・1　sp 混成軌道

　sp 混成軌道は，1 つの s 軌道と 1 つの p 軌道とが混ざり合ってできた軌道である．これは，アセチレン CH≡CH の結合に関与し，そこでは**図 7・17** に示すように，C の 2s 軌道と 3 つの 2p 軌道のうちの 1 つ（いま，これを $2p_x$ に選ぶ）とが混ざり合って，2 つの sp 混成軌道を生じている．混ざり合いに加わらなかった 2 つの 2p 軌道（いまの場合，これは $2p_y$，$2p_z$ 軌道であり，sp

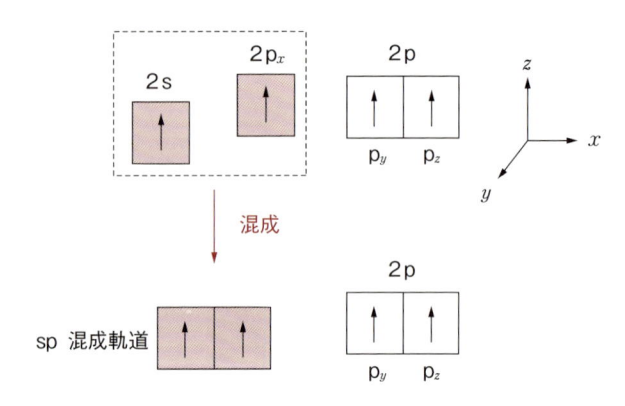

図 7·17　sp 混成軌道の生成

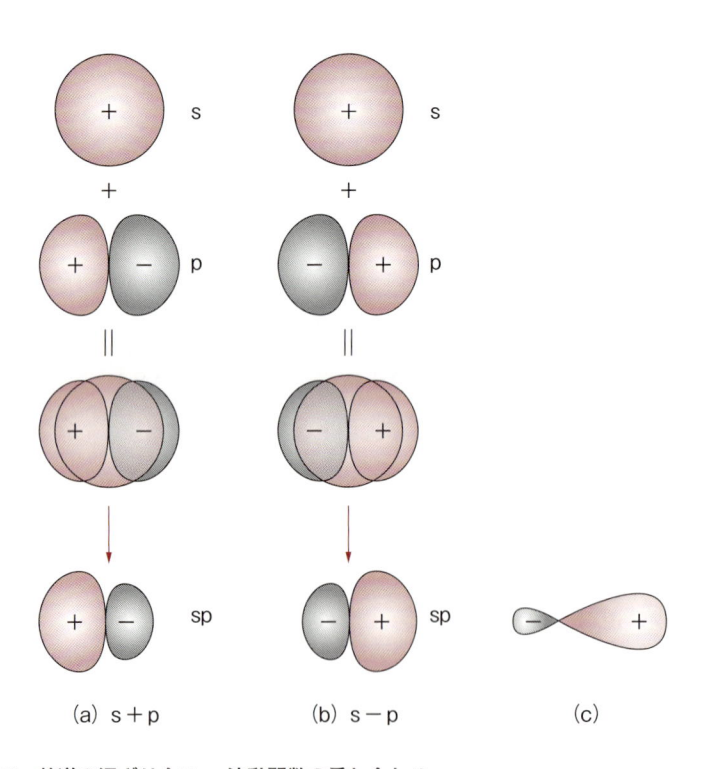

(a) s + p　　　(b) s − p　　　(c)

図 7·18　軌道の混ざり合い ── 波動関数の重ね合わせ
　　(a) 和をとった場合　(b) 差をとった場合　(c) 結合の方向を見やすくするため，(b) を (c) のように描くことも多い

7・5 軌道の混成—共有結合をさらに理解するために—

混成軌道を作った $2p_x$ 軌道に直交している）は，そのまま残っている．

ところで，2つの"軌道が混ざり合う"ということは，量子力学的な表現では2つの"波動関数の和または差をとる"ということである．このときには波動関数の符号，すなわちプラスかマイナスかが問題になってくる．s軌道の波動関数はどこでも同じ符号であるが（いま，その符号をプラスとする），p軌道の波動関数は，右側と左側とで符号が反対になっている．いま，**図7・18** で赤の方をプラスとすると，グレーの方はマイナスとなる．

そこでs軌道とp軌道の波動関数の和をとる（図7・18(a)）と，軌道の左側はs軌道もp軌道もプラスなので，プラスの大きな値になる．右側はp軌道のマイナスをs軌道のプラスが打ち消すが，少しばかりマイナスが残って，小さなマイナスの符号を持った軌道ができる．一方，2つの波動関数の差を作るとする（図7・18(b)）．これはp軌道の波動関数の符号を逆にして，s軌道の波動関数に加えるということであり，この結果は，和をとって得られたときの軌道の方向を180°変えたものになる．このようにして，1つのs軌道と1つのp軌道とが混ざり合うと，互いに反対方向を向いた2つのsp混成軌道ができる．CH≡CHでは，それぞれのCの2sと2p軌道を使って，このような過程によりsp混成軌道ができているのである．

それでは，CH≡CHの全体がどのような結合からできているのか，**図7・19** を見ながら説明することにしよう．

まず，CH≡CHのそれぞれのCが，sp混成軌道の1つを使ってHと，もう1つを使ってもう一方のCとシグマ結合をする．

　CとHとの結合もシグマ結合である．

さてこのとき，CH≡CHのそれぞれのCには，2個の2p軌道（いまの場合は $2p_y$ と $2p_z$ 軌道である）にまだ不対電子が1つずつ残っている．sp混成軌道を使ってCどうしがシグマ結合を作ると，それぞれのCにおいて残った2つの2p軌道は，C–C軸に対して互いに垂直に立ってしまう．この結果，お互いのCの間ではパイ結合しかできなくなる．

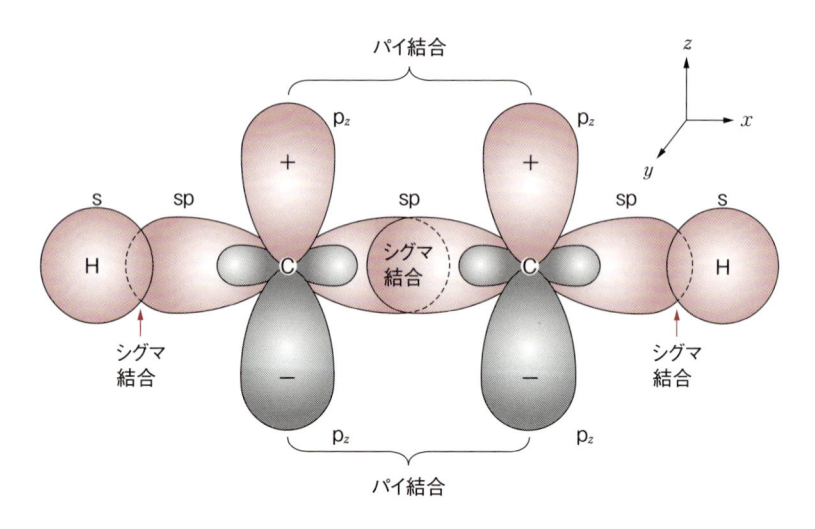

図7·19 アセチレンの結合
図では省略しているが実際には，紙面に垂直な y 方向に，もう1本のパイ結合が存在している．

結局 CH≡CH の C どうしでは，1本のシグマ結合と2本のパイ結合ができていることになる．これは，61ページの N≡N と同様の結合である．

以上を図7·19にまとめて示した．なお図では省略しているが，実際には，紙面に垂直な y 方向に，もう1本のパイ結合が存在している．

7·5·2　sp² 混成軌道

1つの s 軌道と2つの p 軌道とが混ざり合うと，平面状の **sp² 混成軌道** ができる．例えば C を例に考えると**図7·20**のようになる．2s 軌道と3つの 2p 軌道のうちの2つ，$2p_x$ と $2p_y$ 軌道とが混ざり合って，xy 平面上に3つの sp² 混成軌道が生じることになる．

sp² 混成軌道は，エチレン $CH_2=CH_2$ を作る結合である．それぞれの C は，2つの sp² 混成軌道を使って2つの H とシグマ結合し，もう1つの sp² 混成軌道を使って他方の C とシグマ結合をする．このとき，それぞれの C には，まだ1つずつの不対電子が残っており，それは各々の $2p_z$ 軌道に入っている．

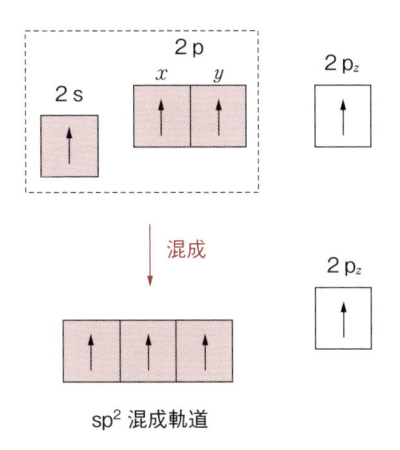

7・5 軌道の混成—共有結合をさらに理解するために— 73

図 7・20　sp² 混成軌道

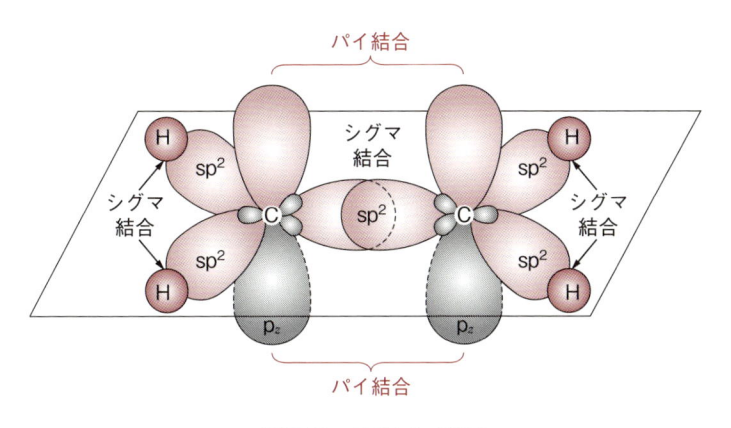

図 7・21　エチレンの結合

　これら 2 つの 2p$_z$ 軌道は，互いの軌道の側面でわずかに重なり合い，パイ結合を作る．このようにして CH$_2$=CH$_2$ の C どうしでは，sp² 混成軌道による 1 本のシグマ結合とともに，p 軌道によるパイ結合が 1 本形成され，二重結合を作ることになる．CH$_2$=CH$_2$ の全体の結合の様子を図 7・21 に示す．

　61 ページでも述べたように，シグマ結合は強くて切れにくく，パイ結合は弱くて切れやすい．つまり CH$_2$=CH$_2$ の二重結合は，構造式では全く同じ 2 本の直線のように見えても，実際はそれぞれが異なる性質を持っているのである．具

体的な例は，61ページに示しておいた．

また，パイ結合は分子の形を固定する．一方のCを固定し他方のCをシグマ結合を軸にして回転すると，p軌道の重なりが失われパイ結合が切れてしまう．図7·21から分かるように，C−C軸周りの回転を，パイ結合が妨げるのである．分子の立体構造による性質の違いを考えるときに耳にする，**シス形**や**トランス形**といった区別は，これによって生じる．

7·5·3　sp^{3}混成軌道

1つのs軌道と3つのp軌道とが混ざり合って，4つの**sp^{3}混成軌道**が作られる．これら4つの混成軌道はそれぞれ独立で，等価である．

実際にsp^{3}混成軌道が生じる様子は，Cを例に，68ページで図7·16とともに述べた．このようにしてできたsp^{3}混成軌道を使って，Cは4つのHと結合し，メタンCH$_4$を作る．

CH$_4$は正四面体の形をしている．これは**図7·22**に示すように，Cを中心に正四面体の各頂点に向かって，sp^{3}混成軌道が伸びているからである．

sp^{3}混成軌道が上で述べたような形をしているのは，それぞれx, y, z方向に伸びた3つの軌道，すなわち2p$_x$, 2p$_y$, 2p$_z$軌道が混ざり合ったからである．x, y, zの3次元空間を等価に4つに区切る方向にsp^{3}混成軌道は伸びている．

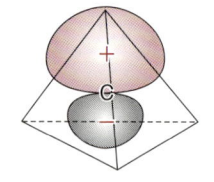

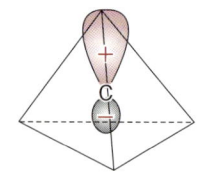

図7·22　正四面体構造
　　4つのsp^{3}混成軌道のうちの1つだけを示した．残りの3本は，Cから正四面体の各頂点方向に伸びている．実際には左のような形だが，結合の方向がわかりやすいよう右のように細く描くことが多い．

7・5・4 軌道の混成，結合の生成とエネルギー

68ページで述べたように，基底状態の電子配置からはCは2価で，2個のHと結合してCH$_2$という分子を作ることが予想される．しかしすでに見てきたように，実際に安定なのは4価のCに4個のHが結合したCH$_4$である．これは，なぜであろうか．

よくいわれるように，自然は"エネルギーが損になる"ことは決してしない．言い換えると，元の状態に比べてエネルギーが高いような状態に，自然に変化することはないということである．いまの場合には，どうであろうか．

Cにおいてsp^{3}混成軌道が生じる過程では，まず2s軌道の1つの電子が2p軌道に昇位する．このとき，402 kJ/mol のエネルギーが必要である．しかし，このようにしてsp^{3}混成軌道を作り，これを結合に使うと，何もしないときに比べて2個余分のC–H結合ができることから，Cはこの分のエネルギー 852 kJ/molだけ安定化する．したがって全体としては，差し引き

$$852 - 402 = 450 \text{ kJ/mol}$$

だけエネルギーが低くなる．つまり，Cは4価になる方がエネルギーの損をせず，得なのである．

なお，よく誤解されるのだが，軌道の混成そのものはエネルギーの損得には関係しない．

7・3・3項で述べたように，共有結合では，2つの原子の電子の軌道が"融合"して，エネルギーの低い結合性軌道と，エネルギーの高い反結合性軌道とができる．ここで注意したいのは，結合性軌道の安定化の度合と反結合性軌道の不安定化の度合は等しく，これら2つの軌道のエネルギーの和は，2つの原子軌道のエネルギーの和に等しいということである．つまり軌道が混ざり合って新しい軌道を作っても，それらのエネルギーの和は変わらないのである．

だが結合までを考えると，事情は変わってくる．結合する場合は，エネルギーの低い結合性軌道に2個の電子が収容され，エネルギーの高い反結合性軌道は空になるのでエネルギーの得が起こる．しかし，sp^{3}混成軌道については，また話が別である．sp^{3}混成軌道は，4つの軌道が混ざり合って新たに生じた4つの軌道であるが，元の場合と比べてエネルギーの損得はない．

● 練習問題 ●

1. 次について，簡単に説明せよ．
   (a) イオン結合　(b) 共有結合　(c) 金属結合　(d) 配位結合
   (e) シグマ結合　(f) パイ結合　(g) 共役

2. 次の元素の組み合わせでできる化合物はイオン結合，共有結合，金属結合のいずれからなるか．
   (a) N と N　(b) K と Br　(c) Br と Br　(d) K と K　(e) C と C
   (f) C と H　(g) C と Cl　(h) Na と Cl　(i) Ag と Ag

3. 二酸化炭素 CO_2 は O=C=O の構造をしていて，C=O でシグマ結合とパイ結合からなる二重結合を作っている．一方，二酸化ケイ素 SiO_2 では二重結合を作らず，シグマ結合からなる単結合によって網目構造を作る．SiO_2 が，パイ結合を作りにくいのはなぜか．

4. 次の各組の，シグマ結合の強さを比較せよ．
   (a) Cl−Cl と Br−Br　(b) C−C と Ge−Ge

5. 水，アルコール，エーテルの分子の形を，結合に関与する電子の軌道の形から考察せよ．

6. ガリウム Ga とヒ素 As との化合物であるヒ化ガリウム GaAs (正統的な名称ではないが，"ガリウムヒ素"と呼ばれることが多い) の結合状態は，ゲルマニウム Ge の結合状態に似ている．この理由を説明せよ．

7. C−C, C=C, C≡C について，炭素-炭素間の距離の長いものはどれか．また，短いものはどれか．

8. 価標で表した次の結合は，どのような種類の原子軌道を使った結合か，また，それはシグマ結合かパイ結合か．結合が2本以上ある場合は，そのそれぞれについて答えよ．
   (a) H−CH$_3$　(b) CH$_3$−CH$_3$　(c) H−CH=CH$_2$
   (d) H−C≡CH　(e) H$_2$C=O　(f) Cl−Cl

9. 窒素分子 N≡N と水素 H との反応では，NH_3 よりも NH_2−NH_2 ができやすい．これはなぜか．

第8章 結合が作り出すもの

> 分子や様々な物体は，原子からできている．しかしその性質は，それを構成している原子の性質の重ね合わせにはならない．そこには，原子にはなかった新しい性質が現れる．それを生み出すのが**結合**である．物質世界は，結合の多様性によって，無限の可能性を持つことができるようになるのである．

8.1 ミクロからマクロへ

原子が結合によってつながると，何が作り出されるであろうか．それにはいろいろな場合がある．

1つは，数個から数百個の原子が共有結合で連結され，分子ができる場合である．しかし，たとえ数億個の原子が結合したとしても，1個の分子は目に見えるものとはならない．分子は 10^{18} 個（10億の10億倍個）くらい集まって，やっと人間が認識できる大きさになる．そのマクロな形態は気体であったり，液体であったり固体であったりする．

ところがダイヤモンドや水晶は，全ての原子が共有結合で連結された1つの"塊"，つまりマクロな物質で，これらは目に見え，かつ触って感触を楽しむことができる．その中には，少なくとも 10^{20} 個もの原子が詰まっている．食塩は全体がイオン結合によって，また，鉄などは全体が金属結合によって結びつ

第8章 結合が作り出すもの

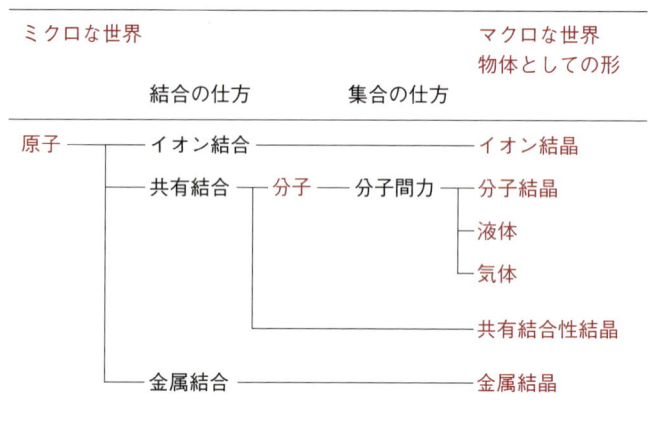

```
ミクロな世界                             マクロな世界
                                         物体としての形
            結合の仕方    集合の仕方
原子 ─┬─ イオン結合 ───────────── イオン結晶
      ├─ 共有結合 ─┬─ 分子 ─ 分子間力 ─┬─ 分子結晶
      │            │                    ├─ 液体
      │            │                    └─ 気体
      │            └──────────────────── 共有結合性結晶
      └─ 金属結合 ─────────────── 金属結晶
```

図 8・1　純物質の構成

けられたマクロな物質である．

　物質のうち，我々が直接目で見たり，手で触ったりすることのできるものを**物体**と呼んでいる．言い換えれば，物体とは"**マクロな物質**"である．なお上の説明から分かるように，単に"物質"といった場合には物体をも含んでいることになる．

　このように原子・分子が集まって，我々が手に取ることのできる"塊"，物体が作り出される．"ミクロな世界"の原子から"マクロな世界"の物体が，どのように構成されていくかを，純物質について図 8・1 に系統づけた．

8・2　結合はどのような物質を生み出すか

8・2・1　共有結合が生み出す物質

　共有結合は原子を結びつけて，どのような物質を作り出すであろうか．これには2つの場合がある．

　1つは共有結合が空間いっぱいに広がって，1つの"塊"を作る場合であり，もう1つは数個から数百個の原子によって，分子が作られる場合である．

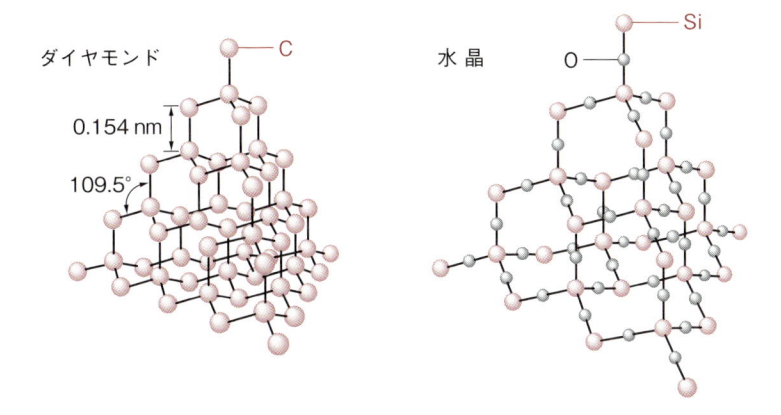

図 8·2 ダイヤモンド，水晶の構造（2つの Si の間に O があるが，Si に注目するとダイヤモンドと似た構造である）
ケイ素の結晶はダイヤモンドと同じ構造である．

数万から数十万個の原子が集まってできる高分子化合物と呼ばれるものもある．これについては，あらためて第 10 章で扱う．

これらについて，もう少しくわしく見ていこう．

(1) 共有結合性結晶

無限に共有結合が繰り返されると，全体が共有結合で結びつけられた"塊"になる．このような物体を**共有結合性結晶**という．

共有結合性結晶の代表例として，炭素原子 C が無限に連なったダイヤモンドがある．半導体として利用されるケイ素 Si やゲルマニウム Ge も，ダイヤモンドと同じ構造をしている．水晶も似た構造を持っており，−Si−O− が 3 次元方向に無限に繰り返されてできている．これらの構造を**図 8·2** に示す．

ここではケイ素 Si を取り上げ，考察を進めよう．すでに図 8·2 に示したように，Si 結晶の原子配列はダイヤモンドと全く同じで，それぞれの Si 原子は正四面体構造をとっている．すなわち，正四面体の中心に 1 個の Si 原子があり，その正四面体の頂点を，中心の Si 原子と結合した 4 個の Si 原子が占めている．ダイヤモンドと異なるのは，結合している原子と原子の間の距離だけである．この結合距離は，Si 結晶の方が長い（C−C, 0.154 nm, Si−Si, 0.234

nm).

しかし，この結合距離の違いは，ダイヤモンドと Si 結晶の特性の違いを生み出す．結合距離が長いということは，結合が弱く切れやすいということである．ダイヤモンドがあらゆる物質の中で最も硬いのに対し，Si 結晶がやや壊れやすいのは，このことが原因である．また，ダイヤモンドが"普通は"絶縁体といわれるのに対して，Si 結晶が代表的な半導体であるのも，ここに原因がある．

最近，ダイヤモンドの半導体性にも注目が集まるようになってきている．

(2) 分 子

共有結合は，数個から数百個の原子を結びつけて分子を作ることもある．例えば水素 H_2，メタン CH_4，エチレン $CH_2=CH_2$ などの分子がそうである．

共有結合からなる物質の性質を決める最小単位は分子である．しかし分子は，たとえそれが数十万個の原子からできている高分子化合物であったとしても目に見えるものとはならない．たくさんの分子が集まって気体，液体，固体となったとき，初めて我々の感覚でとらえることができるものとなる．

分子相互の間に働く引力によって，たくさんの分子が集まって固体となったものを**分子結晶**と呼ぶ．

分子の"性格"は，その集合体である化合物の性質として現れる．例えば水に溶けやすいとか，赤い色が付いているなどの化合物の性質は，分子の性格を反映したものである．一方，硬いとか，引っ張っても切れないなどといった力学的特性は，分子そのものの性格ではなく，分子の集合の仕方によって決まってくる．

ところで，分子の"性格"とは何を意味しているのであろうか．分子の"性格"とは電子，それも主として結合に関与している電子の状態によって決まってくるものである．もっとくわしくいうと，

① 共有結合を作っている電子は，どのような軌道にいるのか．シグマ結合を作る軌道にいるのか，パイ結合を作る軌道にいるのか．さらにまた，

このとき，その電子のエネルギーは高いのか，低いのか．
② 共有結合を作っている電子の偏り（これは，共有結合の分極による）によって，分子内のどこにプラス電荷，マイナス電荷が溜まるのか．

によって決定されるものである．

64ページで述べたように，同種の原子間の共有結合，すなわち"理想的"な共有結合でできた分子においては分極は生じていない．しかし"現実"の分子の共有結合では，多くの場合において分極が生じている．プラスとマイナスの電荷の間に働く静電引力は極めて大きい．さらに，一時的な分極によって生まれる弱い力である**ファン・デル・ワールス力**と呼ばれる力が分子と分子とを引きつけ，液体や固体といった状態，すなわち**凝集状態**を作り出す原因となっている．液体と固体，さらに気体については第9章で，もう少しくわしく述べることにする．

共有結合の分極は，結合がイオン結合性を帯びることを意味している．

8・2・2　イオン結合が生み出す物質

54ページで述べたように，イオン結合には方向性がない．

さて，陽イオンは自身の周りにたくさんの陰イオンを引きつけようとし，逆に陰イオンは，自身の周囲に多くの陽イオンを引きつけようとする．そこで，

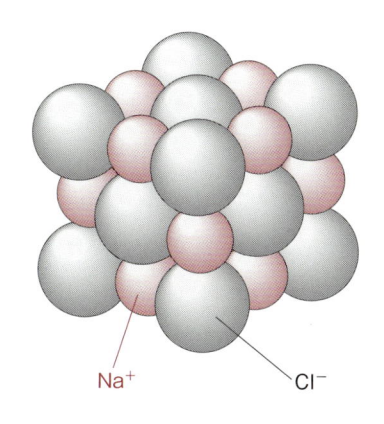

図8・3　NaCl結晶の構造

陽イオン－陰イオン－陽イオン－陰イオン－……の3次元網目構造が組み立てられることになり，結晶ができあがる．このように，イオン結合によってできあがった結晶を**イオン結晶**と呼ぶ．

イオン結晶の代表例としては，塩化ナトリウム NaCl 結晶を挙げることができる．これは**図 8・3**に示す構造をしている．同じ周期に属する元素では，陰イオンの方が陽イオンより大きい．したがって NaCl 結晶は，塩化物イオン Cl$^-$ の隙間にナトリウムイオン Na$^+$ が入り込んだような格好になっている．

8・2・3　金属結合が生み出す物質

金属結合は，金属単体の結晶を作り上げる．このようにしてできあがった結晶を**金属結晶**と呼ぶ．

金属結合では，少数の電子がたくさんの原子の間を動き回り，共有結合を作るのと同じ原理で，原子どうしを結びつけている．代表的な例であるナトリウム Na では，Na 原子の最外殻にある 1 個の電子が，周囲にある 8 個の Na 原子との間を動き回って，原子どうしを結びつけている．

金属結合は
① 結合の数に比べて，電子の数が少ないとき
② 原子核が電子を引きつける力が弱いとき（すなわち，原子がイオン化しやすいとき）

にできやすい．電子が，たくさんの原子の間を素早く動き回らなければならないことを考えれば，上記の ① と ② は容易に理解されるであろう．

第 2 族元素のマグネシウム Mg では，2 個の電子が金属結合に参加することができ，また原子が電子を引きつける力が強い（5・2 節参照のこと）ので，同周期の第 1 族元素 Na よりも金属結合性が弱い．また，鉄などの遷移金属では外殻電子が多くなるうえ，内殻の d 軌道の電子までもが結合に関与するのでイオン結合性が弱まり，共有結合性が増してくる．同時に，イオン化エネルギーも大きくなっている．

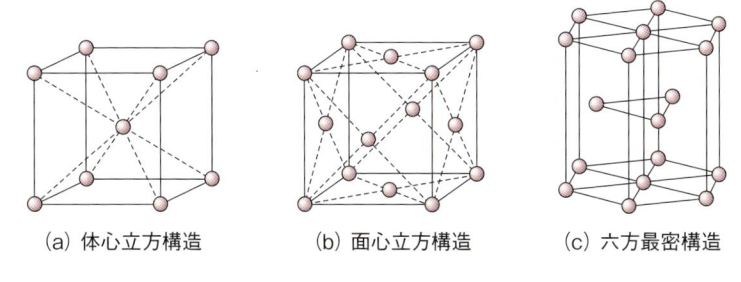

(a) 体心立方構造   (b) 面心立方構造   (c) 六方最密構造

図 8·4　金属の代表的な結晶構造

原子の並び方によって，図 8·4 に示すように，金属結晶の構造は 3 つに分類される．上で述べた Na は**体心立方構造**，Mg は**六方最密構造**である．**面心立方構造**の例としては銅 Cu がある．

8·3 結合はどのような機能を生み出すか

8·3·1　物質の力学的特性

力学的特性は，マクロな物質の性質である．したがって，原子・分子といったミクロなレベルでは力学的特性は現れない．しかし，我々が手にすることのできる共有結合性結晶，イオン結晶，金属結晶では，結合の性質が直接，物質の力学的特性として反映されている．

(1) 共有結合性結晶の力学的特性

共有結合性結晶を作る共有結合は，強くて切れにくい．また方向性があって，原子の位置がずれにくい．"結晶が割れる"とか"欠ける"ということは，実は，原子と原子とを結びつけている"結合が切れる"ということである．したがって，強く切れにくい共有結合でできている結晶は，強度が大きく壊れにくい．また結晶が変形するためには，原子の結合角が変化しなければならないが，これは，炭素原子の結合角が変化しにくいことが，ダイヤモンドの硬さ（つまり，変形のしにくさ）の原因となっていることに反映されている．

ある原子が，それと結合している 2 つの原子と作る角を**結合角**という．

ケイ素 Si を例に，具体的に考察してみよう．すでに 79 ページで述べたように，Si 結晶の原子配列はダイヤモンドと全く同じで，それぞれの Si 原子は正四面体構造をとっている．すなわち，正四面体の中心に 1 個の Si 原子があり，その正四面体の頂点を，中心の Si 原子と結合した 4 個の Si 原子が占めている．ダイヤモンドと異なるのは，結合している原子と原子の間の距離だけである．この結合距離は，Si 結晶の方が長い．

しかし，この結合距離の違いは，ダイヤモンドと Si 結晶の特性の違いを生み出す．結合距離が長いということは，結合が弱く切れやすいということである．ダイヤモンドがあらゆる物質の中で最も硬いのに対し，Si 結晶がやや壊れやすいのは，このことが原因となっている．

(2) イオン結晶の力学的特性

イオン結晶を作り出すイオン結合も，強い結合である．$Na^+ - Cl^-$ のイオン結合の結合エネルギー 407 kJ/mol は，ダイヤモンドの C−C の共有結合の結合エネルギー 354 kJ/mol よりも大きい．つまり，NaCl 結晶はダイヤモンドよりも強く結合していることになる．

> なお本来は，結合エネルギーではなく，格子エネルギーを比較すべきである．格子エネルギーとは，ここでは簡単に，結晶状態における結合エネルギーのようなものと考えておけばよい．

たしかに，NaCl 結晶は硬い．しかし実感として，ダイヤモンドに比べると力学的強度は小さく，壊れやすいように思われる．これは，イオン結合には方向性がなく，横からの力で原子がずれやすいこと，またダイヤモンド中の C 原子は，下方にある 3 個の C 原子でしっかりと固定されているのに，NaCl 結晶では，そのようなことが起こらないためであると考えられる．

(3) 金属結晶の力学的特性

金属結合は 1 つの金属原子を，その周りのたくさんの金属原子と結びつけて金属結晶を作り出す．

結合にあずかる電子は，ただ 1 対の金属原子間の結合にだけかかわっている

のではない．このため金属原子は，周囲の金属原子，すなわち結合の相手が変わっても，すぐに対応して，新しい周囲の金属原子との間に結合を作ることができる．金属が変形しやすく，薄い膜になったりしても性質が変わらないのはこのためである．このことは，金属の加工のしやすさの原因になっている．

　上で述べた金属の"変形しやすく，薄い膜になったりしても性質が変わらない"特性を指して**"展性・延性が大きい"**という．

大きな力学的強度は，金属結合性が小さく，逆に共有結合性が大きいときに発現する．8・2・3項で述べたように金属結合は，結合の数に比べて電子の数が少ないとき，また原子がイオン化しやすいときにできやすいから，大きな力学的強度はこの逆に
① 結合の数に比べて電子の数が多いとき
② 原子がイオン化しにくいとき（すなわち，原子核が電子を引きつける力が強いとき）
に発現することになる．例えば，Fe > Mg > Na の順になる．

　結合の種類による力学的特性の違いは，定性的には上のように説明される．これを厳密化し定量的に扱うことで，結合のメカニズムに基づいた，結晶の力学的強度の理論的算出が可能になる．
　ところが実測された結晶の引っ張り強度は，このように理論的に計算されたものの 1/10 から 1/100 に過ぎないことが多い．これは，結晶中での原子の配列が完全ではなく，多くの**欠陥**（例えば原子が足りなかったり，多かったりすること）によって，結合が乱されているからである（151 ページ参照）．

(4) 分子結晶の力学的特性

分子結晶は小さな分子が，弱い静電引力によって結びつき合ってできるものである．結晶を構成している分子そのものは，強い共有結合で結ばれているので力を加えても壊れることはないが，分子と分子の間の結合は，小さな力で切れてしまう．したがって，分子結晶の力学的強度は小さい．

8・3・2 物質の熱的特性

物質の熱的特性には様々なものが考えられる．例えば
① **融点，沸点**
② **熱伝導性**
③ **比熱容量**（または，**比熱**）
④ **耐熱性**（すなわち高い温度まで性質，特に力学的特性を変えないこと）

などである．これらの考察のためには，まず"熱とは何か"ということについての理解が必要であろう．

(1) 物質の中の熱エネルギー

熱はエネルギーの一種である．日常，我々が経験するように，**熱エネルギー**を物体に加えると，マクロな現象として物体の温度は上昇する．つまり，物体は熱エネルギーを蓄えたことになる．では，これを原子・分子のミクロなレベルで考えると，どのような現象としてとらえることができるであろうか．

熱エネルギーは，原子・分子の世界では**運動エネルギー**として蓄えられている．それでは次に，原子・分子の中での運動エネルギーとは何であろうか．これにはいろいろな種類がある．

気体の場合

まず，気体の場合を考えよう．

1つは，原子・分子が空間を"飛び回る"運動エネルギーである．6・2節の初めに述べたように，これは原子・分子の平均速度を v，質量を m としたとき，原子・分子1個当たり $(1/2)mv^2$ と表されるものである．熱が蓄えられ，気体の"温度が高い"ということは，気体の原子・分子が"大きな速度で飛び回っている"ということになる．

さて原子では，上のような種類の運動エネルギーしか考えることができないが，分子になると，運動エネルギーの種類が増える．上で考えた並進の運動エネルギーに，回転の運動エネルギーと振動の運動エネルギーが加わる．では，分子の回転や振動といった運動はどのようなものであろうか．それぞれの運動を二原子分子 H–Cl を例に示した，図8・5を見ながら考えよう．

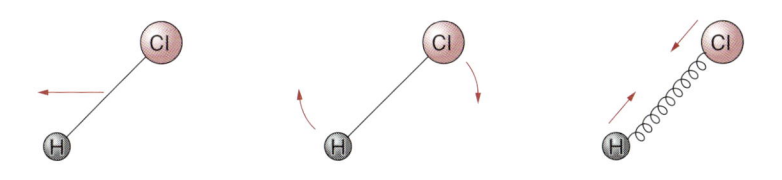

(a) 並進：分子全体の移動　(b) 回転：分子全体の回転　(c) 振動：原子間の伸び縮み

図 8・5　分子の並進，回転，振動（H−Cl の例）

まず**回転**とは，分子全体が，その重心の周りをぐるぐると回る運動である．これを図 8・5 (b) に示した．分子が熱エネルギーを得ると，回転の速度が増す．これが，熱エネルギーが蓄えられ，温度が高い状態に相当する．**振動**については図 8・5 (c) に示した．分子をモデル的に，2 つの原子がバネで結合されたものと考え，このバネが一定の周期で伸びたり縮んだり，すなわち振動しているものとする．いま，ここに熱エネルギーが加えられると，この振動の振幅が大きくなる．すなわち振幅が大きくなることが，分子が熱エネルギーを受け入れ，温度が高くなったことに相当する．

固体の場合

固体の場合は，原子・分子が空間を飛び回ることはできず，また回転も許されない．したがって，考えるのは**振動**の運動エネルギーだけになる．

固体においても，それぞれの原子と原子がバネで結合されていると考えることができ，このバネが伸び縮みして，原子が振動しているものととらえることができる．この様子をモデル的に**図 8・6**に示した．

> ただし後述のように金属結晶においては，また別の事柄を考慮しなければならなくなる．

(2) 熱が伝わるメカニズム

様々に蓄えられた運動エネルギーが伝わることが**熱伝導**，すなわち，熱が伝わるということである．

気体の場合は，原子・分子が空間を自由に飛び回り，エネルギーの高い原

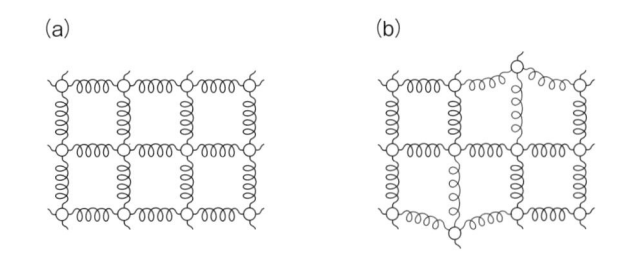

図 8·6　固体の場合の原子の振動
　　(a) 温度の低い状態．振幅が小さい．
　　(b) 温度が高い場合．いくつかの振動の振幅が大きくなる．

子・分子の運動が，熱を伝えるということになる．

　一方，固体の場合，原子・分子は空間を飛び回ることはできず，回転することもできない．このため熱エネルギーは，振動の運動エネルギーとしてのみ蓄えられることになる．図 8·6 (b) のような振幅の大きな振動が，原子の間を伝わっていくことによって，熱が伝わるということになる．

　　特に金属の場合には，振動のほかに，また別のメカニズムが考えられるのであるが，これはすぐ後で述べることにする．

(3) 共有結合性結晶の熱的特性
　共有結合性結晶の代表であるダイヤモンドは，熱をよく伝える．全ての物質の中で，最も熱伝導性の良いものの 1 つに数えられるほどである．
　ダイヤモンドでは，共有結合した C–C の振動として熱エネルギーが蓄えられ，その振動が次々に伝わっていく．結合はどこまでも続くので，原子の振動，すなわち熱エネルギーは速やかに伝わっていく．

(4) 分子結晶の熱的特性
　分子結晶の場合には，分子と分子との結びつきが弱いので振動，すなわち熱エネルギーは伝わりにくい．したがって分子結晶の熱伝導性はよくない．

(5) 金属結晶の熱的特性
　さて金属結晶では，いささか事情が異なる．これまで固体の場合は，もっぱ

ら振動が熱の"仲介者"であると述べてきたが，金属結晶では**自由電子**がこの役割を担う．

7・4節で述べたように，金属結晶の中では，原子と原子の間を電子が活発に動き回っている．この自由電子の並進運動が熱を伝える役割を果たしており，かつ，その動きが活発なので，金属は熱を伝えやすいことになる．

> 固体金属に蓄えられる熱エネルギーは，（格子）振動と自由電子の運動である．熱容量に対しては格子振動の寄与が大きく，熱伝導に対しては自由電子の寄与が大きい．

8・3・3　物質の電気的特性

3・2節と6・3節において，電子やイオンの移動が，そもそも"電気が流れる"という現象であることを述べた．では，物質の中において"電気が流れる"ということは，どのようなことであろうか．またそのときのメカニズムは，どのようなものなのであろうか．

物質，特に固体中の電気伝導も，その原因は主として電子やイオンの移動によるものである．もちろん，それぞれに特有な電気的特性を示すが，それらは結合によって生み出されるものである．

(1) 金属結晶の電気的特性

金属結合は，たくさんの原子の間を少数の電子が動き回ることによって作り出されている．電子が動くことが電気伝導に他ならないから，金属結晶は，よく電気を通すことになる．

結合の共有結合性が大きくなると，電気伝導性は小さくなる．これは83ページで述べた，力学的強度の場合と逆の関係である．力学的強度の場合には，共有結合性が大きくなるほど特性が増していた．

(2) 共有結合性結晶の電気的特性

共有結合性結晶については，そこに含まれる共有結合がシグマ結合であるか，パイ結合であるかを区別した上で考察することにしよう．

シグマ結合の場合

シグマ結合でできている結晶は，一般的には電気を通しにくく絶縁体になる場合が多い．これはシグマ結合にあずかる電子が，結合を作っている原子の間にだけ局在して，自由に動けないためである．

さて上で"絶縁体になる場合が多い"と述べたが，これは，具体的にはどのようなことであろうか．実際の例として，ダイヤモンドは絶縁体といってもよいが，しかし，同じ構造，結合の仕方をしたケイ素 Si やゲルマニウム Ge の結晶は代表的な半導体になるという事実がある．この違いは，どこから来るのであろうか．

実は同じシグマ結合でも，Si 結晶や Ge 結晶の結合距離は，ダイヤモンドの結合距離に比べて長い．この結合距離の違いが，電気伝導性の違いを生み出すのである．

つまり結合距離が長くなると，シグマ結合は弱くなる．弱い結合は切れやすいので，Si や Ge の結晶中には，少数ではあるが，切れた状態の結合が存在する．ここで，もともとは切れた結合にあずかっていた電子が，原子の間を移動していくという振る舞いをする．この電子の移動が，"電気を伝えた"ということになるのである．ただし切れた結合の数は少なく，すなわち電気を伝える電子の数は少ないので，電気伝導率は小さく，半導体にとどまることになる．

> なお結合の切断は，温度が高いほど起こりやすい．半導体の電気伝導率が，温度が高いほど大きいことは，このような電気伝導のメカニズムから理解できるであろう．金属の場合は逆であり，温度が上昇すると電気伝導率が低くなる．

パイ結合の場合

次に，パイ結合からできている結晶について考える．ここでは特に，共役系のパイ電子を考えることにする．

共役系のパイ電子は，共役系の端から端まで動くことができる．このような系が2次元空間いっぱいに広がったのが**グラファイト**である．その構造を図 8・7 に示した．

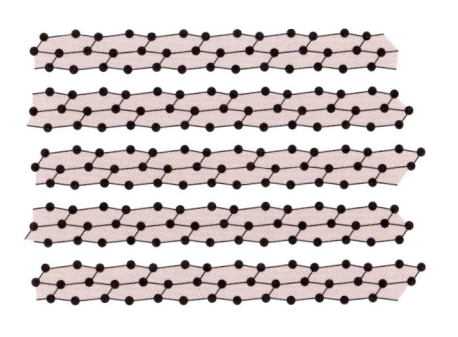

8・3 結合はどのような機能を生み出すか

図8・7 グラファイトの構造

グラファイトは電気をよく通す．しかし，それは共役系のパイ電子が運動する方向についてだけであって，その直角方向には電気を通しにくい．

グラファイトは**黒鉛**とも呼ばれる．また図8・7からも分かるように，グラファイトは層状構造をしており，薄く剝がれてくる．パイ電子は，この層に沿った方向に運動している．

同様に共役系のパイ電子の働きによって，ベンゼン環が多く集まった化合物の中には電気伝導性を示すものがある．ただし電気伝導率はグラファイトほど大きくなく，半導体にとどまる．このようなベンゼン化合物の例を図8・8に示した．

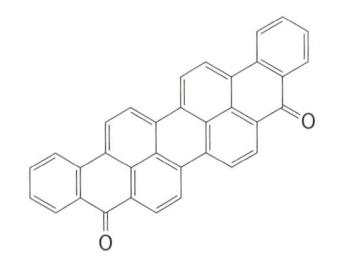

ビオラントロン 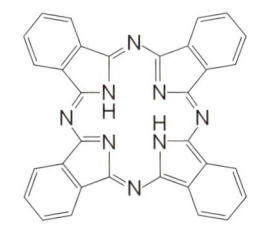　　　　　フタロシアニン

図8・8　半導体になるベンゼン化合物の例

$-(CH=CH)_n-$

図8・9　ポリアセチレン

さらに共役系が1次元に続くポリアセチレンも電気伝導性を示す．**図8・9**に示したこの分子は，日本の白川英樹博士（筑波大学名誉教授）が作り出し，アメリカのアラン・ヒーガー，アラン・マクダイアミッド博士と共に2000年度のノーベル化学賞を受賞することになったものである．

> ポリアセチレンは，単結合と二重結合とが完全には均等化していないため良導体にはならず，半導体にとどまる．しかし，これにヨウ素などを添加すると，高い電気伝導性を示すようになる．

(3) イオン結晶の電気的特性

　イオン結晶はイオンからできている．しかし結晶であるため，その中のイオンは動くことができない．したがって，イオン結晶は電気を通さない．

　しかし結晶を水に溶かすと，イオンは自由に動けるようになる．したがって，イオン結晶の水溶液は電気を通す．

8・3・4　物質の磁気的特性

　3・2節で述べたように，磁性は電子が備えている特性であり，ミクロなレベルから発現する．電子は1個だけ独立して存在しているときには強い磁性を示す．しかし原子の中に入ってしまうと，逆向きのスピンを持った電子と対になるために，磁性が打ち消されてしまうのであった．

　それでも塩素原子は，対になる相手のいない電子（このような電子を**不対電子**と呼ぶ）を1つだけ持っていて，電子1個分の磁性を示すことができる．しかし，2つの塩素原子が共有結合して塩素分子を作ると，この1個の電子も対になってしまい，磁性は失われてしまう．

　また6・4節で述べたように，鉄原子は1個だけ独立して存在しているときには大きな磁性を持つ．しかし，それが集まって結晶になったとき磁性を示すかどうかは，鉄原子の集まり方による．互いに隣り合う原子のスピン磁気モーメントの方向が一致するように集まれば強い磁性を示すが，スピン磁気モーメントの方向を反対にして集合すると磁性は打ち消されてしまう．

さらに，磁性を示す結晶がたくさん集まって"塊"になったとき，常に強い磁性を示すかというと，そうではない．もしそうであるなら，我々の身辺にある鉄製の器具はお互いに引きつけ合って1つにかたまり，自由に使うことができないことになる．幸いそういったことは起こっていない．しかし一方で，強い磁石として利用される"塊"が存在することも事実である．

この鉄の例に見るように，磁性は，ミクロからマクロへの移行につれて現れたり隠れたり，様々に様相を変える面白い特性である．

8・3・5　物質の光学的特性

6・5節で述べたように，光学的特性はミクロな特性であり，原子のレベルで理解される．しかしこれは，結合の存在によって一層多彩な広がりを見せることになる．ここでは6・5・1項でスキップした**光の吸収**と**物質の色**について考えることにする．

(1) 光の吸収と物質の色

"色がついている"ということは，その物質が太陽から来る白色光の一部を吸収してしまうことによって起こる現象である．例えば，物質が赤色の光を吸収してしまうと，それは緑色に見える（3原色のうち赤を除いた黄と青を混ぜると緑になる．これが植物の色である）．

　　白色光とは，全ての色の成分を含んだ光である．

では光の吸収は，どのようにして起こるのであろうか．これは6・5・1項で述べた光の放出と，ほぼ逆のプロセスになる．原子の場合，内側のエネルギーの低い原子軌道から，外側のエネルギーの高い原子軌道へと電子が移動することによって光の吸収が起こる．分子などの場合には，上で考えた原子軌道の代わりに，7・3・3項で述べたような軌道について，同様な過程を考えればよい．

さて吸収される光の色，すなわち光の波長は，それぞれの原子や分子に特有である．上で述べた2つの軌道のエネルギー差 ΔE に相当する，波長 λ の光が

吸収される．c を光の速さとすると，両者の間には以下の関係が成り立つ．

$$\Delta E = \frac{hc}{\lambda}$$

別のいい方をすれば，2つの軌道のエネルギー差が吸収される光の波長，すなわち物質の色を決めることになる．

　波長 λ の代わりに，吸収される光の振動数 ν を用いれば，上の式は $\Delta E = h\nu$ となる．49ページを参照のこと．

(2) 分子の色

7・3・3項で述べたように，結合によって分子が作り出される際，新たに，原子にはなかった結合性軌道と反結合性軌道が生じる．結合の数だけ，そのような軌道が生じるので，多原子分子は原子にはなかった多くの，電子の詰まっている結合性軌道と，電子の詰まっていない反結合性軌道を持つことになる．

さて多くの場合，我々が観察する光の吸収は，図8・10に示すような，結合性軌道から反結合性軌道への電子の移動によって生じるものである．すでに述べたように，この光の吸収が"色"の原因であり，また2つの軌道のエネルギー差は，結合状態によって様々に変化する．したがってその結果，物質の色も千変万化することになる．

　上に述べたように，我々が観察する光の吸収が多くの場合，結合性軌道から反結合性軌道への電子の移動によって生じるものであるのは，電子の詰まっている原子軌道と電子の詰まっていない原子軌道の間のエネルギー差よりも，この2つの軌道のエネルギー差の方が小さいからである．

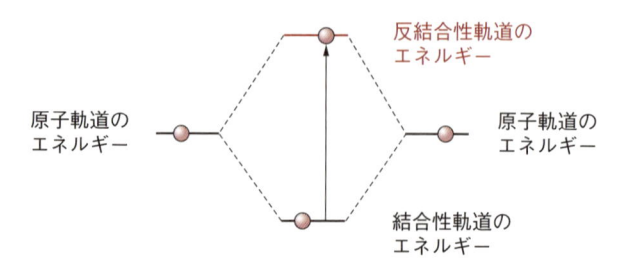

図8・10　光吸収

(3) 化合物の色

化合物の色は，その成分元素の色の重ね合わせにはならない．例えば，同じ炭素と水素だけからできていながら，ポリエチレンは無色であるのに，ニンジンの成分である β-カロテンは赤色をしている．これは，結合を作っている電子の軌道の性質によっている．

すなわち，シグマ結合だけからなるポリエチレンでは，結合性軌道と反結合性軌道とのエネルギー差が大きく，その差に相当する波長の光は紫外線領域にあって目に見えない．このため無色になる．一方，β-カロテンは長い共役系のパイ電子を持ち，結合性軌道と反結合性軌道とのエネルギー差は小さく，その差に相当する波長の光は，可視光領域の中では波長の短い方に位置する緑色の光になる．このため赤色を呈するのである．

● 練習問題 ●

1. 以下の代表例を挙げ，その物性を述べよ．
   (a) 金属結晶　　(b) 分子結晶　　(c) 共有結合性結晶
2. 次の機能を示す物質の例を挙げ，なぜ，その機能を示すかを述べよ．
   (a) 電気の良導性　　(b) 電気の半導性　　(c) 電気の絶縁性
   (d) 高い熱伝導性　　(e) 磁性　　(f) 有色性
3. 第14族元素において，炭素は非金属なのに，スズや鉛は金属になる．この理由を述べよ．
4. 次の各組において，力学的強度が小さいのはどちらと推定されるか．
   (a) Li と Na　　(b) Na と Mg　　(c) ダイヤモンドとゲルマニウムの単結晶
5. アルミニウムと酸化アルミニウムは共に熱をよく伝える．そのメカニズムについて述べよ．
6. アルミニウムは電気をよく伝えるが，酸化アルミニウムは絶縁体である．これはなぜか．
7. 同じ元素からできていても，物質は様々な色を示す．この理由を述べよ．

第9章 気体，液体，固体，液体と固体のあいだ

　物質は**気体**，**液体**，**固体**の状態で，我々が目で見，手に触れ，加工して利用する材料となる．モノを使う立場からいうと，気体，液体，固体の違いは大きな意味を持っているように思われる．

　本章では気体，液体，固体を原子・分子のレベルで見るとともに，その特性を調べる．さらに，液体と固体の"あいだ"にある**ガラス**と**液晶**についても学ぶことにする．また，"**アモルファス**"という言葉を聞くことも多くなった．これについても，ここで一括して扱うことにする．

9.1 気体，液体，固体のプロフィール

　物質は，原子・分子からできあがっている．逆のいい方をすれば，原子・分子が集合して物質になる．そして，物質は**気体**，**液体**，**固体**の状態で存在する．

　では気体，液体，固体といった状態を，原子・分子というミクロな視点から見ると，どのようにとらえることができるであろうか．図9·1を見ながら考えよう．

　まず気体の中では，原子・分子は，他の原子・分子に束縛されず空間を自由に"飛び回って"いる（もっとも，お互いどうしは頻繁に衝突している）．そして，それぞれの原子・分子の間の距離は大きい．

9・1 気体，液体，固体のプロフィール

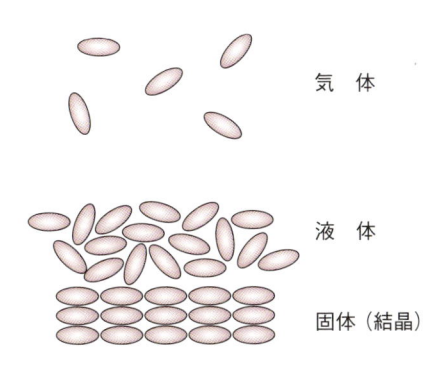

図9・1 気体，液体，固体の模式図（固体は，特に結晶の場合を表している）

一方，液体と固体は，原子・分子がお互いに接触し，密に詰まった状態にある（このような状態を**凝集状態**，また凝集状態になることを**凝集する**という）．液体と固体とで違う点は，**固体，特に結晶**では，原子・分子が一定の繰り返しで秩序正しく並び，その位置が固定されているのに対して，液体では，原子・分子がかなり自由に位置を変えているということである．

なお以下の説明では，上で述べた原子・分子をまとめて**粒子**と呼ぶことにする．

9・1・1 気体

気体において，粒子は互いに頻繁に衝突しつつ，空間を大きな速度で自由に運動している．また，粒子間の距離は大きい．

このような粒子の運動の様子については6・2節も参照するとよい．

9・1・2 液体

液体では，粒子は互いに接触し，密に詰まった状態にある．すなわち，凝集している．また，それぞれの粒子はかなり自由に位置を変えることができる．このことが，液体の流動性を生む原因となっている．

したがって液体が"さらさらしている"か"ねばねばしている"かは，液体中の粒子が，互いにどれくらい位置を変えやすいかによって決まる．粒子間に

強い引力が働いていたり，分子が絡み合っていたりすると粒子どうしは互いに離れにくくなり，ねばねばした，すなわち**粘度**の高い液体になる．

　上で述べた，分子の絡み合いが生じるのは高分子化合物の場合である．10・4節を参照のこと．

　では粒子が凝集し，液体となるのは何が原因であろうか．それは，粒子と粒子の間に働く静電引力の存在である．

　いま，分子を考えよう．7・3・5項で述べたように，"理想的"な共有結合においては，結合を作っている原子どうしが同じ大きさの力で電子を引っ張るので，電子はいずれの原子の近くにも偏るということはなく，分子を外から見たとき，どこにも電荷の偏りは現れない．しかし，多くの"現実"の共有結合では，結合を作っている原子それぞれの電子を引っ張る力が異なるため，電子の偏りが生じる．電子が偏っている方はマイナスの電気を帯び，他方はプラスの電気を帯びる（この現象を**分極**といった）．つまり，1つの分子の中でプラスの電気を帯びた部分とマイナスの電気を帯びた部分とがあるのである．

　そのような箇所で，分子どうしが静電引力によって引き合うことが，凝集の生じる原因である．

　大きな分極は，物質の電気的特性にも関係する．強誘電性は実用的にも重要な特性であるが，これは分極が原因である．くわしくは，14・2・4項で述べる．

水素結合

　水 H_2O やメタノール CH_3OH は，分子量が小さいにもかかわらず室温で液体であり，同じくらいの分子量の化合物に比べて沸点が著しく高い．このことは，H_2O, CH_3OH では分子と分子とを結びつけている力が強いことを物語っている．その力の原因は"水素結合"という言葉で表現されることがある．

　水素結合は O–H, N–H などの H が，他の分子の O や N に引きつけられてできる一種の結合とされる．しかしその本質は，プラスとマイナスの電気の引っ張り合い，すなわち静電引力である．

　水 H_2O を例に説明しよう（図**9・2**）．いま，ある H_2O 分子に着目すると，そ

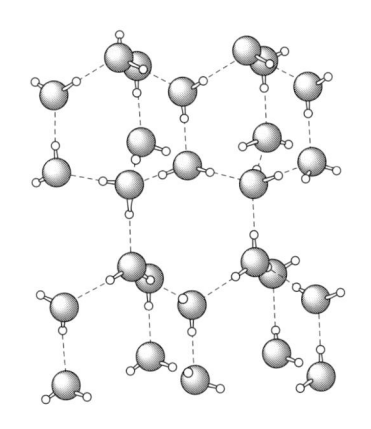

図 9・2 水素結合（水の例）

の分子内部の O−H 結合では，電子を引っ張る力の大きい O の方に電子が偏り，その結果 O がマイナスの，H がプラスの電気を帯びることになる．さてここで，プラスの電気を帯びた H が，他の H_2O 分子の，マイナスの電気を帯びた O に引きつけられるという現象が起こる．これが**水素結合**と呼ばれているものである．

> この現象が，単なる静電的な相互作用と区別されるのは，水素原子の特殊性による．つまり，水素原子から電子を取り去って生じるプロトン H^+ が他の陽イオンに比べ，著しく小さいということによる．H^+ はその小ささゆえに，マイナスの電気を帯びた箇所に近づきやすい．こうして両者の距離が短くなるだけ，ひときわ強い静電的な相互作用が生じるのである．したがって，これを特に区別し，このように水素が関係する分子間の静電引力のことを，水素結合と呼ぶのである．
> なお H^+ が他の陽イオンに比べて小さいのは，これが水素の原子核そのものであり，内殻に電子を持たないからである．他の陽イオンは内殻に電子を持つので，H^+ よりも大きくなる．

9・1・3 固 体

ここでは固体のうち，特に結晶について考えることにする．

さて，粒子が凝集すると液体になることはすでに述べた．ところで同じ凝集状態でも，**結晶**になるためにはもう1つの条件が必要になる．それは集まってきた粒子が，秩序正しく並ぶことである．秩序正しく並ぶためには，対称性の良い粒子であることがよい．球は放って置いてもきちんと並ぶが，細長かったりでこぼこしたりしていては規則正しい配列ができにくい．

ダイヤモンドや水晶の場合には，結晶全体の原子が共有結合で結ばれ，規則的な原子の配列が必然的にできる．

9・2 気体，液体，固体によって決まる機能性

気体，液体，固体は物質の種類によらず，状態としての機能を示すことがある．

例えば，それぞれに力を加え圧縮してみよう．気体は外から力を加えると収縮する．力が2倍になると体積は1/2になる．液体と固体は，外から力を加えても体積はあまり変わらない．こうして見ると，気体と液体とは異なった点が多いように映る．

しかし，気体と液体とで似ているところもある．それは力の伝わり方で，気体と液体においては，力（より正確にいうならば，圧力である）は四方八方にまんべんなく，同じ大きさで伝わっていく（**図 9・3 (a)**）．この性質は**図 9・4**に示すように，実際の応用として油圧機に生かされている．なお，固体に加えられた力は，加えたその方向にしか伝わらない（**図 9・3 (b)**）．

上で述べたような，気体に対して外から加える力を2倍にすると体積は1/2になるという事柄を**ボイルの法則**という．一般には"一定量の気体の体積は圧力に反比例する"という．

また上で述べた"圧力は四方八方にまんべんなく，同じ大きさで伝わっていく"という事柄を，液体の場合に特に**パスカルの法則**という．

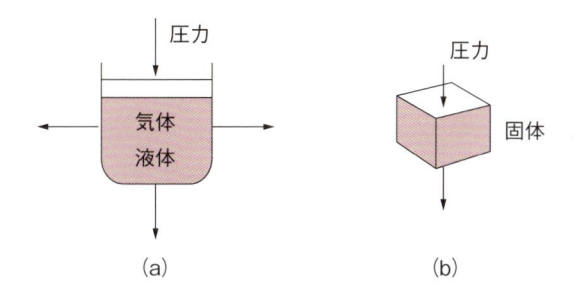

図 9·3 気体と液体，固体における力の伝わり方
　(a) 気体または液体の場合
　(b) 固体の場合

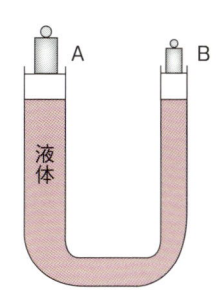

左右が釣り合っているときは，断面積に比例した力がかかっている．
Bに小さい力をかけてもAに大きな力が生じる．

図 9·4 油圧機の原理

9·3 液体と固体のあいだ ―ガラスと液晶―

9·3·1 ガラス

液体と固体のあいだに**ガラス**がある．

　二酸化ケイ素 SiO_2 について見てみよう．SiO_2 の結晶の1つは水晶である．水晶は**図 9·5** に示すような，きれいな形の結晶を作る．結晶の中では，ケイ素原子 Si と酸素原子 O は規則正しく配列している．この結晶を加熱していくと 1610 ℃ で融ける．

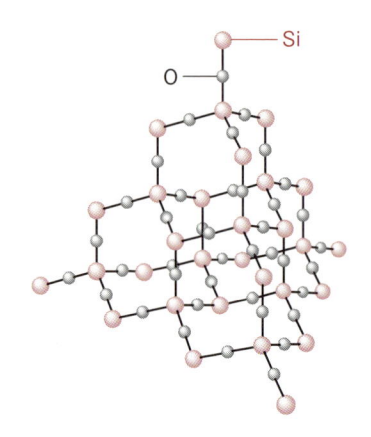

図 9·5　水晶の結晶

　SiO$_2$ の結晶形としては，水晶のほかにリンケイ石，クリストバル石などがある．水晶のほかに，**石英**という呼び名もある．石英のうち，美しい形のものを特に"水晶"と呼ぶようであるが，本書では特に区別せず用いることにする．

　さて，SiO$_2$ の細かい結晶であるケイ砂を融解したあと，冷やして固めると**石英ガラス**ができる．これは一定の形を持った結晶にならない．加熱していくと一定の融点を示さず，1600 ℃ くらいの温度で軟化する．その内部の原子の配列は，石英に比べて乱れている．窓ガラスに使われる**ソーダガラス**は，さらに構造の乱れたものである．SiO$_2$ の網目構造の一部が切れ，ナトリウムイオン Na$^+$ が入り込んでいる．石英，石英ガラスとソーダガラスの構造を模式的に**図 9·6** に示す．

　ところで，ガラスにおいて"原子の配列に規則性がなくなっている"ことは，ガラスが液体と同じ構造であることを示している．ガラスは，いわば"液体の状態が固定化されたもの"であると考えてよい．つまりガラスは，粘度が極めて高い液体なのである．力を加え続けると，長い時間の間には曲がってしまうことがあるのは，液体の性質を示すものである．また，ガラスは"失透"といって突然に透明性を失い，脆くなって砕けてしまうことがある．これはガラスが，細かい結晶に変わってしまったことによる．細かい結晶になると，結晶の間に境界面ができ，その境界面で光が乱反射するため光が透過しなくなる

9・3 液体と固体のあいだ—ガラスと液晶—　　　　　　　　　　　　　　　103

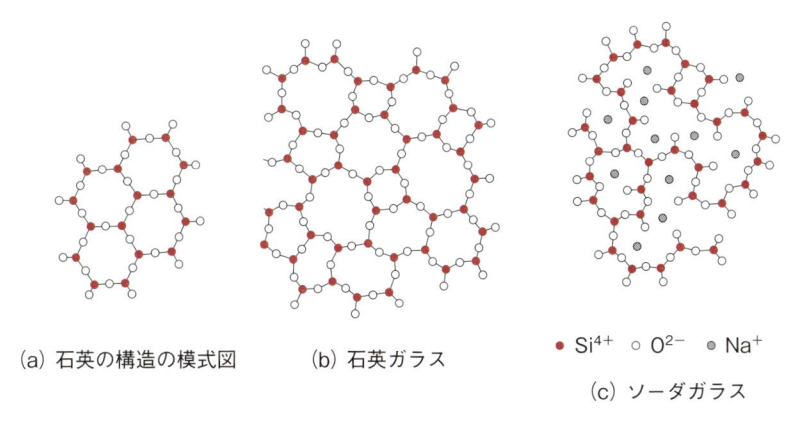

(a) 石英の構造の模式図　　(b) 石英ガラス

● Si^{4+}　○ O^{2-}　● Na$^+$
(c) ソーダガラス

図 9・6　結晶とガラスの構造

のである．液体と同じ構造のガラスには境界面がないので，光が透過する．

　第10章で取り上げる高分子化合物の構造は，ガラスと似ている．高分子の中には長い鎖のような形をしたものがあり，またこれは長いだけでなく，ぐにゃぐにゃと曲がるので，"頭"や"尻尾"をそろえて整然と並べることが難しい．つまり乱れた構造をしていて，そのうえ隙間もたくさんあるので，自由に曲げることのできる材料になる．

　広く利用されている材料に**有機ガラス**と呼ばれるものがある．これはプラスチックの一種で，具体的にはメタクリル酸メチルの重合物などである．衝撃には強いが硬くなく，表面に傷が付きやすい．飛行機の窓ガラスなどには有機ガラスが用いられている．近年眼鏡のレンズも，こうしたプラスチックで作られるようになった．このような用途に用いるには，表面に傷が付きにくく，屈折率の高いものが要求される．理想的な材料はまだできていないようだが，現在のところポリカーボネート (**図 9・7**) が利用されている．

図 9・7　ポリカーボネート

9・3・2 液晶

液体と固体のあいだにあって，その機能性が大活躍しているのが**液晶**である．"液晶"の名は"液体"と"結晶"から1字ずつをとってつなげたもので，その体を表している．

英語では，液晶のことを"liquid crystal"という．日本語以上に，まさしく"液体 (liquid)"プラス"結晶 (crystal)"である．

さて，液晶とはどのようなものであろうか．分子のレベルから検討を始めよう．

そもそも液晶を作る分子は，お互いどうしが引きつけ合って整列しやすい（すなわち，結晶のような秩序のある配列をとりやすい）構造を持つものである．例えばネマティック液晶を作る分子は縦長の棒状で，プラス，マイナスの電荷を持っている．これらは静電引力によって引き合い，軸をそろえて並びやすくなっている．もっとも，頭と尻尾の位置はそろわない．

液晶には，上で述べた**ネマティック液晶**のほかに**スメクティック液晶**，**コレステリック液晶**，**ディスコティック液晶**などのタイプがある．それぞれを図9・8に示した．

このように，液晶分子は自然に集合して，ミクロにではあるが，秩序ある分子配列を作る．しかし，それを保つ力は小さいので，小さな刺激（例えば，電圧を掛けることなど）によって，秩序は失われてしまう．

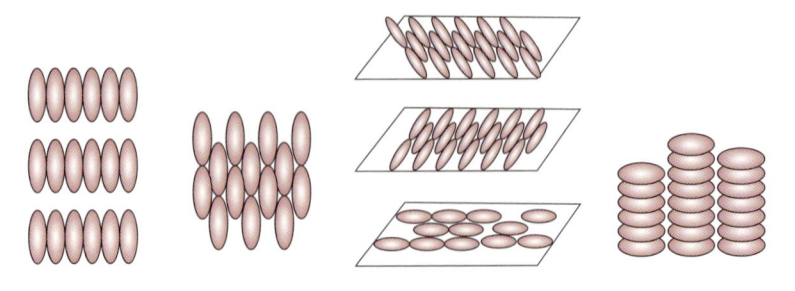

(a) スメクティック　(b) ネマティック　(c) コレステリック　(d) ディスコティック

図9・8　液晶の種類

秩序ある構造を持った液晶の溶液と普通の溶液との機能面での決定的な違いは，液晶溶液が結晶と同じく，構造や性質に方向性を持つのに対して，普通の溶液には方向性がないことである．これは，普通の溶液中では溶質分子がばらばらな方向を向いていることが原因である．

> 構造や性質に方向性を持つことを，**異方性**を持つという．反対に方向性のないことを**等方性**であるという．

液晶ディスプレイ

液晶分子は，縦方向と横方向とで性質が異なる．例えば，縦方向から来た光は吸収するのに，横方向から来た光は素通りさせたりする．液晶ディスプレイによる表示は，液晶の秩序ある分子配列とその破壊，配列した分子の異方性とを利用している．

次に，単純化した形で液晶表示の原理を説明しよう．

図 9·9 を見てほしい．液晶は溶液にして 2 枚の電極基板（これは電気伝導性を持ったガラスで，導電性ガラスと呼ばれる）の間で，薄い層になるように挟み込まれて使用される．

> この薄い層の厚さはおよそ 3～7 μm である．分子量 200～500 程度の液晶分子の長さはおよそ 10～100 Å くらいなので，厚さ 5 μm の薄い層の間にも 100 個くらいの液晶分子が並ぶ計算になる．
> なお単位 μm は"マイクロメートル"と読む．1 μm = 10^{-6} m である．"ミクロン"ということもある．

この薄い層の中で，液晶分子は基板に沿って自然に配列する．仮に，この分子を縦に配列したときは光を通さないが，横に配列したときには光を通すものとしよう．こう仮定すると，図 9·9 (a) のように下側の基板の方から光を当てたときには，分子が横に整列しているので光を通し，液晶溶液は透明に見えることになる．ところが，ここで図 9·9 (b) のように，電極基板に電圧を掛けると配列が乱れ，分子はいろいろな方向を向いて，縦に配列した液晶分子が現れるようになる．このような分子は光を通さずに遮るから，したがって，電圧を

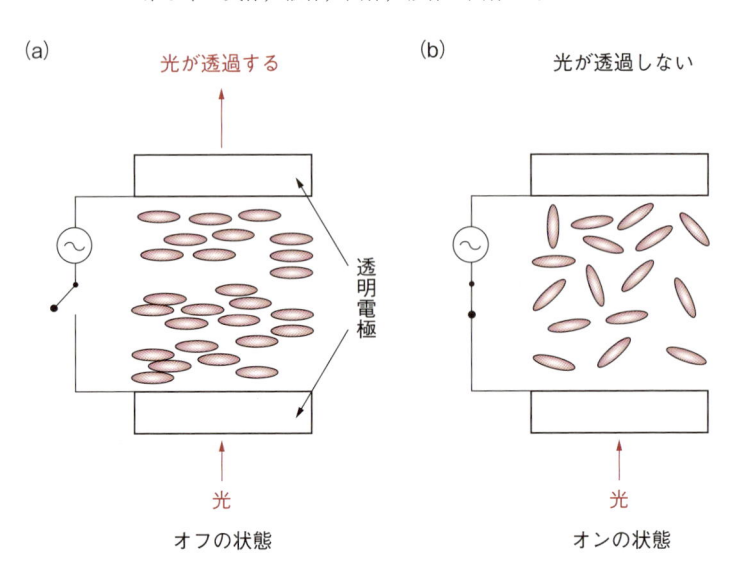

106　第9章　気体，液体，固体，液体と固体のあいだ

(a) 光が透過する　　オフの状態
(b) 光が透過しない　　オンの状態

透明電極

光

図9·9　液晶ディスプレイの作動原理の一例
(a) オフの状態　(b) オンの状態

掛けた部分だけが黒くなって見えることになる．

　斜めの方向を向いた液晶分子も，その傾斜に応じて光を吸収する．

　色を出すためには，色のついた液晶物質を使うことになる．このとき，色素自体に液晶になる性質がなくても，次のような工夫で色を制御することができる．すなわち，液晶分子と色素分子とを混ぜておき，液晶分子の動きによって，その間に挟まった色素分子の姿勢を制御するのである．色素分子も方向によって光吸収が異なるので（実際には，そのような分子を選ぶのである），色が出ることになる．

　液晶ディスプレイの仕組みについて，以上では光吸収だけに基づいて説明を行った．実際には偏光と呼ばれる現象を利用しているが，本質的な点で変わりはない．

9・4 アモルファス

最近"アモルファス"という言葉を聞くことが多くなってきた．アモルファスとは"無定形"を意味する．はっきりとした形を持っている結晶に対して，形の定まらない固体をアモルファスという．電卓などの光電池にも使われているから，"アモルファスシリコン"という言葉を耳にしたことがある読者もいるであろう．

アモルファスシリコンは，気体のケイ素化合物 SiH_4 を分解して得られた原子状のケイ素を，基板の上に沈降させて作る．このような作製方法は **CVD 法**（または化学気相蒸着法という．なお CVD とは Chemical Vapor Deposition の略である）と呼ばれ，アモルファス物質を作る重要な方法の1つとなっている．CVD 法によるアモルファスシリコンの製造法を，図 9・10 に示した．

CVD 法によって，より広い面積を持つシリコンの薄膜を得ることができる．
なお最近では，アルコールを分解することによってアモルファスのダイヤモンドも作られている．これまで，ダイヤモンドは高温高圧下でないと生成しないと信じられてきたが，CVD 法を使うことによって，アルコールなどから，常圧下でアモルファスダイヤモンドができるようになったのである．装置も簡単で，1万円程度のものだという．

さてアモルファスというのは，そのマクロな外見が結晶と異なって"無定

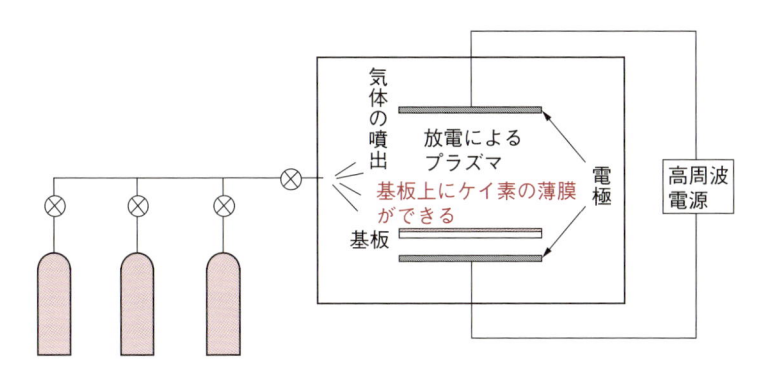

図 9・10　CVD 法によるアモルファスシリコンの製造

形"であることから，その名で呼ばれているのだと最初に述べた．しかしミクロな構造を見ると，その原子配列には結晶と同じ規則性があって，実は全体が，微小な結晶のくっつきあったものであることが多い．上のようなCVD法で得られたアモルファスシリコンも，そうなっている．

したがってアモルファスシリコンは，基本的にはシリコン単結晶と同じ機能を示すことになる．光起電性もその1つである．CVD法によれば，セラミックスや合成樹脂の膜を基板として，その上にアモルファスシリコンを蒸着することができるので，アモルファスシリコンのシートや瓦を得ることができる．光起電性を示すこうしたシートを使ってソーラーカーを作ったり，瓦を使って自家発電を行うこともできる．

アモルファスシリコンは薄膜として大面積のものが得られ，加工しやすい（例えば自由に裁断でき，折り曲げることができる）といった長所を持つ反面，結晶が不完全なため，特性が単結晶に劣るという短所がある．

単結晶とは，ここでは"結晶"とほぼ同じ意味と考えておいてよい．しかしまた，第11章以降のように，**微結晶**の対語として用いられることもある．

● 練習問題 ●

1. 次について具体的な物質を挙げ，その構造，特性，利用について簡単に説明せよ．
   (a) ガラス　　(b) 液晶　　(c) アモルファス
2. 水晶と石英ガラスは，どのように異なるか．
3. 大気圧のもとで，水が固体（つまり氷），液体（水），気体（水蒸気）になるとき，体積はどのように変化するか．
4. 石油はガソリン，灯油，重油となるにつれて粘度が高くなる．これは，なぜか．
5. 液晶材料は高価である．いま密度 $1\,\mathrm{g/cm^3}$ で，$1\,\mathrm{g}$ 当たり1000円の液晶を使い，面積 $0.1\,\mathrm{m^2}$，厚さ $5\,\mu\mathrm{m}$ の液晶ディスプレイを作るとする．このディスプレイに使われる液晶の価格はどれほどになるか．ただし実際には，液晶は溶媒と混ぜて利用されるが，ここでは液晶が100%であるとして計算せよ．

第10章 高分子化合物

　高分子化合物，あるいは**ポリマー**という言葉を聞いたことがないという読者は少ないであろう．身の回りは高分子化合物で満ちあふれている．

　高分子化合物は我々に多くの利便をもたらしてくれる一方で，同時に廃棄物などの困難な問題を引き起こしてもいる．生物が分解できず，またポリ塩化ビニルの焼却処理の際にダイオキシン類などの有害物質が発生するなどといった話題を耳にしたことがあるであろう．現代人の生活は，良かれ悪しかれ，高分子化合物の強い影響下にある．

　しかしよく考えてみると，人間をはじめ動物，植物の主要な部分は，全て高分子化合物によってできあがっている．生物は高分子物質そのものである．したがって職業人として行動するときも，一般市民として行動するときも，高分子化合物についての理解は，我々にとって必要不可欠なものなのである．

10.1 高分子化合物の種類と成り立ち

　高分子化合物という言葉を文字通りに受け取れば，"分子量の大きい化合物"ということになる．どの程度から"大きい"といえるのか，ということについての決まりはない．

高分子化合物のうち，長いものの代表は，生物の遺伝情報をつかさどる **DNA** である．DNA は長さ数メートルに達することがあり，そこでは 10 億個以上の原子がつながっている．

"大きい"とはいえ，高分子化合物の構造が無秩序であることはほとんどない．生物が作り出す天然の高分子化合物はもとより，人工的に作り出されたものも，その構造は，一定の規則性を持ったものばかりである．この規則性は，実際には構造の繰り返しである場合が多い．この"繰り返し"に注目して，この構成単位を**モノマー**（"モノ"は"単一の"を意味する．モノマーは低分子化合物である）と呼び，一種あるいは数種のモノマーがつながったものとして，高分子化合物を**ポリマー**（"ポリ"は"多数の"を意味する）と呼ぶこともある．図 10・1 に，代表的なポリマーを示した．

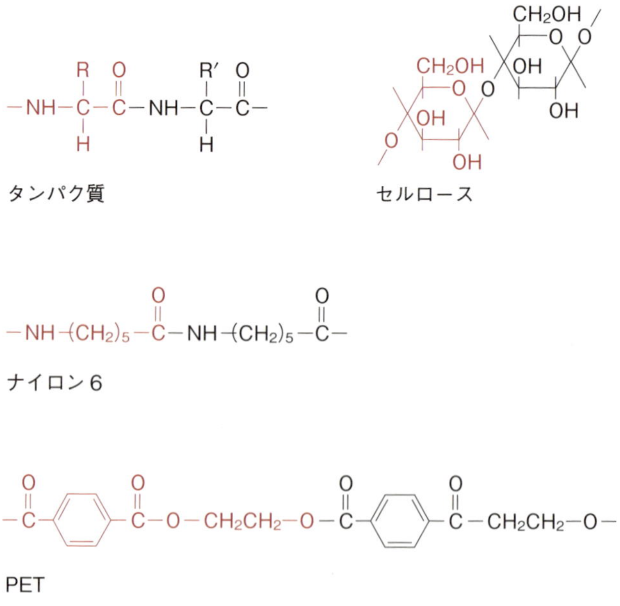

タンパク質

セルロース

ナイロン 6

PET

図 10・1 ポリマーの例
 繰り返し単位を赤色で示す．

表 10·1　代表的な高分子化合物

名称	構造の繰り返し単位	由来	実際の例や用途など
タンパク質	アミノ酸	生物	動物の筋肉，酵素
ナイロン6	アミノ酸	人工	合成繊維，フィルム，チューブ
DNA	ヌクレオチド[a]	生物	遺伝子
RNA	ヌクレオチド[b]	生物	遺伝子
セルロース	グルコース	生物	植物の骨格，木綿，紙
ポリエチレンテレフタレート (PET)[c]	エチレングリコールとテレフタル酸のエステル	人工	ペットボトル，合成繊維，フィルム
ポリエチレン	エチレン	人工	包装用フィルムをはじめ，汎用される
ポリ塩化ビニル	塩化ビニル	人工	包装用フィルムをはじめ，汎用される
ポリメタクリル酸メチル	メタクリル酸メチル	人工	有機ガラス
ポリカーボネート	炭酸エステル	人工	有機ガラス，フィルム，眼鏡
炭素繊維	グラファイト構造の炭素	人工	航空機，ゴルフクラブ，釣り竿

[a] 核酸塩基とデオキシリボースとリン酸とからなる．
[b] 核酸塩基とリボースとリン酸とからなる．
[c] ポリエステルの一種．

　低分子化合物とは，文字通り"分子量の小さい化合物"である．**高分子化合物と異なり，分子量は一定している．**

　なお，生物由来の天然高分子化合物は構造すなわち原子配列が，分子量も含めて，ただ1つのものにきっちりと決まっている．この，ただ1つに決まるという点から，DNAによる間違いのない遺伝情報の伝達，酵素などの正確な働きが生み出されている．人工的に得られる合成高分子化合物では，分子量をきっちりと制御することは困難であるが，モノマーの特性によって，それぞれの機能性が生み出されている．

　代表的な高分子化合物を**表 10·1**に示した．

　表10·1に見るように，高分子化合物としては有機化合物が一般的である．本章でも，こうした有機高分子化合物を中心に話を進めるが，10·5節では，これとは少し性格の異なった高分子化合物を取り上げることにする．

10.2 高分子化合物の構造

　高分子化合物には，鎖状に1次元方向へ伸びた構造を持つものと，2次元あるいは3次元に平面的あるいは立体的に広がった構造のものとがある．また最近では図10·2に示したような，デンドリマーと呼ばれる，樹枝状に広がった構造の高分子化合物が注目されている．なお，これらのうち最も一般的なのは，鎖状の1次元高分子化合物である．

　ところで，すでに前節でも述べたように，生体を作っている鎖状の高分子化合物であるタンパク質やDNAなどは，分子が巨大であるにもかかわらず，その構造が端から端まできっちりと決まっている．DNAなどは長さ数メートルに達するものがあるが，1人の人間が持っているDNAは，全て同じ構造である．タンパク質についても同様で，いろいろな種類のタンパク質がそれぞれ独

デンドリマー　　　　　　　天然ゴム

図10·2　デンドリマーと天然ゴム

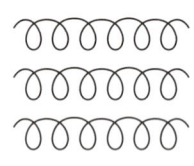

天然高分子
長さも形もそろっていて
結晶になりやすい

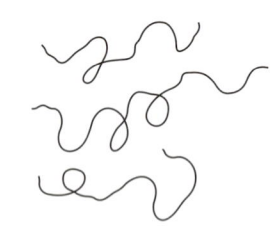

合成高分子
長さも形もそろっておらず
無定形

図10·3　天然高分子化合物と合成高分子化合物

自の原子配列を持ち，特有の機能である酵素作用を生み出している．一方，人工的に得られた鎖状の1次元高分子化合物は，その長さを一定にすることはほとんど不可能で，ある長さの範囲に分布した分子の混合物になっている．これらの比較を図10・3に示した．

10・3 高分子化合物の性質はどのようにして決まるか

高分子化合物としての性質を決める要因としては2つある．1つ目の要因は，**分子が大きい**ということであり，もう1つは，**分子がどのような特性基を持つか**ということである．

特性基とは，特有な性質を発現させる原子の一団のことである．例えば $-OH$，$>C=O$，$-COOH$，$-NH_2$ などが挙げられる．

(1) 分子が大きいことによって生じる性質

"高分子"であることによる特性とは，どのようなものであろうか．すなわち，"大きな"分子の化合物と低分子化合物との間には，どのような性質の違いがあるのであろうか．

第1に，分子が大きくなると低分子化合物に比べて，水などの液体に溶けにくくなる．木綿などの**セルロース**は，**グルコース**がつながってできている．構成単位であるグルコースは水に溶けやすいのに，セルロースは水に濡れるものの，溶けることはない．これは，分子が長くなると高分子どうしが集まろうとして，小さい分子である水や有機分子との親和性が減少してしまうためである．

グルコースは，一般に**ブドウ糖**とも呼ばれる．

第2に，長く大きな高分子は，結晶を作りにくい．特に合成高分子化合物では，そうである．"結晶を作る"ということは，分子が規則正しく配列することである．分子が小さいときには，それぞれの分子の"頭"と"尻尾"がはっきりしており，分子の長さも短いので，それらをそろえて規則正しく並びやす

タンパク質の作る
ラセン構造
α-ヘリックス

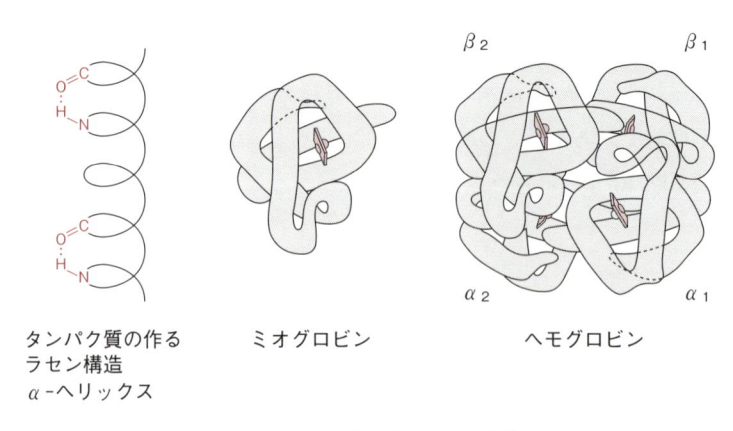

ミオグロビン

ヘモグロビン

図 10·4　タンパク質のらせん構造

い．しかし分子が大きく長くなると，それぞれの"頭"や"尻尾"と"胴"の区別がはっきりしなくなり，1つの分子の"胴"に他の分子の"頭"がくっついたりして，規則正しく並ぶことのできるチャンスが少なくなる．また，合成高分子化合物では分子の長さが一定でないので，"頭"と"尻尾"とをそろえた規則的な配列ができない．また，長い分子はグニャグニャと曲がってしまうため，分子と分子との間に隙間ができやすく，これも規則的な配列を妨げる要因となる．

　　生物由来の高分子化合物では完全に構造がそろっているうえ，分子の要所要所に一定の形を保つための仕掛けがあるため，きっちりとした立体構造をとりやすくなっている．**図 10·4** に示すように，タンパク質や DNA はきれいならせん形の立体構造をとっており，結晶になるものも多い．
　　なお，上で述べた"一定の形を保つための仕掛け"とは，特定の原子の一団どうしの相互作用に基づく弱い結合である．

(2) 特性基を持つことによって生じる性質

　高分子化合物の性質は，その分子が持っている特性基によっても支配される．特性基とは，ある特有な性質を発現する原子の一団である．例えばヒドロキシ基 −OH はアルコールやフェノールの構成要素で，水に対する親和性を

生み出す．また，カルボキシ基 $-COOH$ を持つものは酸性で，水に対する親和性がある．

　ここで注意しなければならないことは，特性基は，モノマーがもともと持っていたものだけに限らないということである．ポリマーとなるときに，モノマーどうしの接合部に新たに生じる特性基も存在するのである．ナイロンに含まれるアミド基 $-CONH-$ は，この良い例である．

10・4　高分子化合物が持つ機能

高分子化合物と低分子化合物の機能の違いは，主として力学的特性に現れる．隙間の多い非結晶的な構造によって，高分子化合物は外から加えられた力に対して，柔軟に曲がることができる．また，長い分子を強い共有結合によって連結し，分子どうしも長い接触面と絡み合いとで結びついて，引っ張りの力に対して強く抵抗するようになる．さらにセルロースでは，水などに濡れてしっとりとすることはあっても，溶けることはない．柔軟性と強度とが要求される肌着や，洋服の繊維に高分子化合物が利用される理由である．

　その一方で，適当に分子構造を選べば，剛直な高分子化合物を作ることもできる．ベンゼン環がアミド結合でつながったケブラーは，硬く強い．

　　アミド結合とは，$-CO-NH-$ の形をした結合である．

　図 10・5 に，柔軟な高分子化合物の例としてポリエチレンを，剛直なものの例としてケブラーの構造を示す．

　なおポリマーが示す電気的特性，磁気的特性，光学的特性については，構成要素であるモノマーのそれを引き継いでいる場合が多い．

(a) ポリエチレン（軟らかいポリマー）　　(b) ケブラー（剛直なポリマー）

図 10·5　柔軟な高分子化合物ポリエチレンと剛直な高分子化合物ケブラー

10·5　炭素繊維とガラス繊維

これまで主に取り上げてきた，一般の有機高分子化合物とは少し性格が異なるが，ここで，将来ますます重要になると思われる炭素繊維とガラス繊維とについて触れておこう．

(1) 炭素繊維

炭素繊維は，グラファイト構造の炭素が，繊維状に長くつながったものである．ポリアクリロニトリル $-(CH_2-CH(CN))_n-$ などの繊維を引き伸ばし，分子の方向をそろえた後で，高温で分解，炭化して作る．炭素繊維の構造モデルを図 10·6 に示した．

図 10·6　炭素繊維の構造

10・5 炭素繊維とガラス繊維

　炭素繊維の特長としては，縦方向の強度が非常に大きいことが挙げられる．これは，グラファイトの強い共有結合が原因である．もう1つの特長は軽いことで，単位質量当たりの強度は，鉄などの金属よりも大きくなる．

　このような炭素繊維は，高分子化合物である合成樹脂と組み合わされ，構造材料として用いられる．鉄筋コンクリートの鉄筋の役割を炭素繊維が，コンクリートの役割を合成樹脂が果たすのである．こうした材料が，ゴルフクラブのアイアンに使用されていることを承知の読者も多いであろう．最新鋭の航空機の機体には炭素繊維が多量に使われている．

(2) フラーレンとカーボンナノチューブ（図 10・7）

　フラーレンは炭素原子だけからできている球形の分子で，代表的なのは C_{60} という，サッカーボールと同じ形をした分子である（C_{70} などのラグビーボール形分子もある）．イギリスの化学者クロトーらが1985年，グラファイトにレーザーを当てることによって作り出したものである．その形の特異さ，美しさから，注目を引いた．その物性や反応を調べてみると，この分子ならではの新

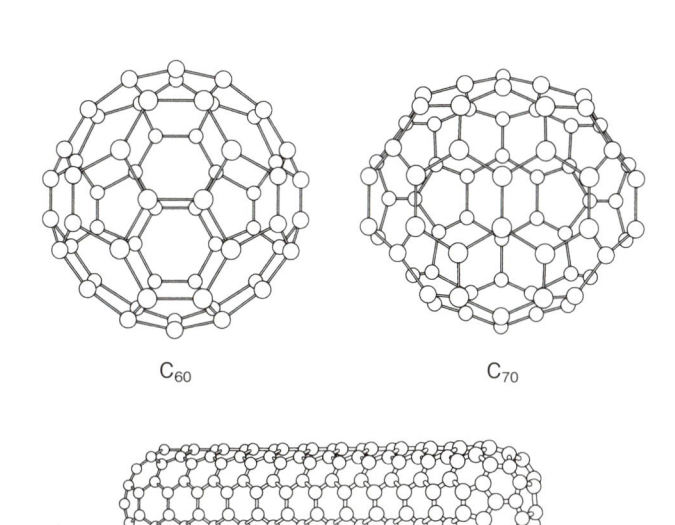

C_{60}　　　　　　　　C_{70}

カーボンナノチューブ

図 10・7　フラーレン類の構造

規な性質が明らかになって，さらに関心が高まり現在盛んな研究が続けられている（例えば，カリウムを結合させた分子は超伝導性を示すという）．

フラーレンの胴を長くした，両端の閉じた筒状分子がカーボンナノチューブで，日本の飯島澄男が電子顕微鏡による研究で発見したものである．胴の部分が長い共役系（単結合，二重結合の繰り返し，p.63参照）になっており，様々な優れた性質を持っている．例えば，大きな力学的強度で，その引っ張り強度はダイヤモンドと同等かそれ以上であり，どんなに曲げても柔軟に変形し，力を抜けば元通りの形に戻るという．また，熱伝導率や電気伝導率も大きく（電気伝導率は銅の10倍），しかも軽い（アルミニウムの半分程度の重量）．また，化学的にも安定である．カーボンナノチューブは，科学技術が目指している分子エレクトロニクス（分子を素子とするエレクトロニクス）の素材として最も注目の集まっている物質の1つである．

(3) ガラス繊維

ガラスも，細く引き延ばされると強い繊維になり，**ガラス繊維**と呼ばれる材料が得られる．強度が大きいのは，ガラス繊維中に $-Si-O-Si-O-$ という，強い共有結合が存在するからである．特に，石英から作った石英ガラス繊維は強度が大きい．

ガラス繊維は，炭素繊維と同じように合成樹脂と組み合わされて強度の大きな構造材料として利用されるほか，**光ファイバー**としても用いられる．これは**図10·8**に示すように光を通しやすく，また屈折率が高いため，中の光を境界面で全反射して外に洩らさないというガラスの機能を利用したものである．加えて繊維状になったことで，しなやかで自由に曲げることができるようにな

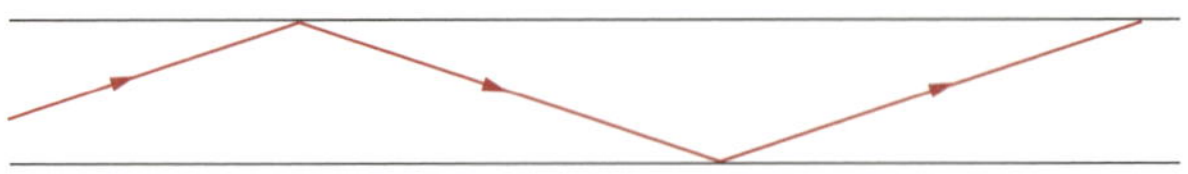

ファイバーの界面で光は全反射する．
表面にコーティングをしたりして
全反射の効率をよくする工夫をしている．

図10·8　光ファイバーの中を伝わる光

り，くねくねと曲がったところへでも光を導き通すことができるようになった．光ファイバーは，光通信で，中心的な役割を果たしている．

特性は異なるが，有機合成高分子化合物を細く引いて，光ファイバーを作ることもできる．

10.6 ポリマーアロイ

金属を混ぜ合わせることで合金ができるように，ポリマーを混ぜ合わせることで**ポリマーアロイ**が得られる．ポリマーアロイとは，何種類かのポリマーが，マクロに見て，均一に混ざったものである．

ポリマーアロイをミクロに見ると，不均一な構造をしていることもある．なお，"アロイ" とは "合金" という意味である．

このような状態では，元々のポリマーにはなかった優れた性質が発現することがある．例えば，ゴムは弾性が高いが硬さがない．ポリスチレンは硬いが脆い．このようなとき，ゴムとポリスチレンを適当な割合で混ぜ，ポリマーアロイを得ると，それが，硬くて耐衝撃性が大きいという優れた機能を持った材料になることがある．

● 練習問題 ●

1. 次の高分子化合物は材料として，身の回りのどのようなところで利用されているか．
   (a) ポリエチレン　(b) ポリプロピレン　(c) ポリエチレンテレフタレート
   (d) ポリスチレン　(e) ナイロン
   (**ヒント**：ポリエチレンテレフタレートは，PET と略称されることが多い)
2. メタン，ヘキサンなどの低分子化合物と，高分子化合物であるポリエチレンとは，どのように性質が異なるか．
3. パラフィンろうとポリエチレンとは，どのように性質が異なるか．
4. シリコン樹脂 (シリコーンと呼ばれることも多い) の構造と特性について述べよ．

第11章 セラミックスとセメント, 合金

　無機材料として**金属**とともに重要なのは**セラミックス**と**ガラス**, それに**セメント**である. これらの多くは, 化学的には金属の酸化物, あるいはケイ素などの非金属の酸化物である.
　また, セラミックスやセメントとは性格が異なるが, 無機材料として重要な**合金**も, 本章で扱うことにする.

11.1 セラミックスとガラス, セメントの特性

11・1・1 セラミックスとガラス

　"セラミックス"という言葉は大変現代的であるが, **セラミックス**そのものは, 太古の昔から土器, 陶器や磁器として人類が利用してきたものである.
　また, セラミックスと化学成分が似た材料として**ガラス**がある. 両者の違いは成分ではなく, 物質としての"状態"にある.
　セラミックスは, ケイ素や金属の酸化物の小さな結晶を焼き固めたもので, ミクロに見ると結晶であるが, マクロに見ると小さな結晶の粒の集まりである. つまり, 全体としては一つながりになっておらず, それぞれの結晶の微粒子の間には境界が存在している. 一方, ガラスは9・3・1項で述べたように"液体の状態が固定化されたもの"なので, その中に境界を含まない. セラミックスとガラスの機能の違いは, この境界の有無から生じる.

境界の有無が，力学的特性に及ぼす具体的な影響を考えよう．

セラミックスでは焼き固められることにより，その内部で微結晶どうしの接触した部分が焼きつけられる．しかし実は，この融合は完全とはいえない．そこで外から強い力が加わると，この境界のところで割れてしまうことになる．すなわち，境界の存在が力学的強度を小さくするのである．

> したがって化学成分が同じでも，全体がひとつながりで境界のない結晶として存在するときに比べて，セラミックスとして存在するときの方が力学的強度は小さい．

また境界の有無は，光学的特性にも影響を与える．

例えば，二酸化ケイ素 SiO_2 の結晶である水晶は透明なのに，SiO_2 の微結晶の塊である陶磁器は不透明である．これは陶磁器の場合，内部に入射した光が微結晶の境界で乱反射され，再び外へ出てこないためである．

実際に，境界のない石英ガラスの例を挙げると，光学的には結晶である水晶と同様に透明であり，また，その力学的強度も水晶とほとんど変わらない．

> 本項では，セラミックスとガラスの一般的な特性を"状態"に基づいて考察してきた．実際においては，個々の性質はその化学成分によっても変化する．これについては 11・2 節であらためて考えよう．

11・1・2　セメント

セメントは，なじみの深い材料である．現在最もよく使われているポルトランド・セメントは，石灰岩と粘土の混合物を 1450℃ に熱し融解状態にしたうえで冷却粉砕し，セッコウなどの添加物を加えたものである．$2CaO \cdot SiO_2$ と $3CaO \cdot SiO_2$ とを主成分とし，そのほかに少量の $3CaO \cdot Al_2O_3$，$4CaO \cdot Al_2O_3 \cdot Fe_2O_3$ などを含む複雑なものである．

> $2CaO \cdot SiO_2$ とは，酸化カルシウム CaO と二酸化ケイ素 SiO_2 との 2：1 の複合体のことで，C_2S と略記されることもある．同様に，$3CaO \cdot SiO_2$ は CaO と SiO_2 の 3：1 の複合体で，C_3S と略記される．

セメントは水を加えると発熱して固まる．どのような過程で固まるかは"化学"の立場からはあまりすっきりとした答が出ていないが，次のようなことが考えられている．まず，酸化物に水が反応して水和物ができる．続いて，この水和物が寒天の固まったようなゲル状になって，糊のように砂利の周囲を固めるのである（SiO_2 に H_2O が反応すると $Si(OH)_4$ のような化合物が生成するが，重合してゲル状物質になる）．

　セメント自体は軟らかく，すり減ったりしやすい．このため実際には，硬い砂利や石などを骨材として混ぜたうえで利用される．

11・2　成分による特性の変化 ―ケイ素や金属の酸化物と新素材―

　セラミックスとガラスの一般的な特性が"状態"から生まれるものであることを 11・1・1 項で述べた．しかし，個々のセラミックスやガラスの特徴的な機能は，その化学成分によって変化する．

　"セラミックス"や"ガラス"，"セメント"と呼ばれてきたものの成分は，主として金属の酸化物，あるいはケイ素などの非金属の酸化物であった．具体的には"セラミックス"や"ガラス"では二酸化ケイ素が，"セメント"では二酸化ケイ素と酸化カルシウム，およびその水酸化物が主成分であった．ここで"であった"と，あえて過去形で書いたのは，ニューガラスや機能性ガラス，ファインセラミックスなどと呼ばれる，新しい優れた機能を持ったガラスやセラミックスが，新素材として作られるようになってきたからである．

　本節ではまず，ケイ素や金属の酸化物の構造と基本的な特性をまとめ，その後でニューガラスや，ファインセラミックスについて考察する．最後に，金属の酸化物が示す新しい機能として注目される超伝導性について触れる．

11・2・1　ケイ素や金属の酸化物の構造と特性

　ここではケイ素の酸化物として二酸化ケイ素を，金属の酸化物として酸化アルミニウムを取り上げよう．

11・2 成分による特性の変化—ケイ素や金属の酸化物と新素材—

純粋な二酸化ケイ素 SiO_2 の単結晶の1つが水晶である．水晶の中では，ケイ素 Si と酸素 O とが交互に結合して3次元に広がっている．すでに 8・2・1 項で述べたように，Si と O との結合は共有結合性が大きく，また水晶の構造はダイヤモンドに似ている．

SiO_2 の結晶としては，ほかにクリストバル石などがある．

ところで図 11・1 に示すように，酸化アルミニウム Al_2O_3 も，これとよく似た構造を持っている．天然には鋼玉（コランダム），色の原因となる金属イオンを含んだルビー，サファイアの結晶として産出する．それぞれの原子は，共有結合性の大きな結合によって結びつけられている．

ルビーの赤色は不純物として少量含まれる Cr^{3+} の色であり，サファイアの青色は不純物として少量含まれる Ti^{4+} の色である．

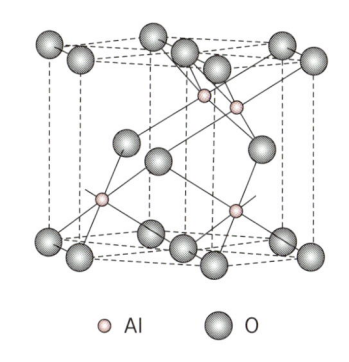

図 11・1　酸化アルミニウムの構造
酸化アルミニウムは天然では色の原因となる遷移金属イオンを溶かしてルビーやサファイアになる．

表 11・1　二酸化ケイ素と酸化アルミニウムの単結晶の特性

力学的特性	共有結合性の大きな結合からなるので，力学的強度が高い
熱的特性	結合を通してエネルギーが伝わっていくので，熱伝導性がかなり良い酸化物である．それ以上酸化されないので不燃性であり，融点も高い，すなわち，耐熱性が高い
電気的特性	自由電子が存在しないため，電気伝導性は小さい
光学的特性	光に対して透明である

これらの構造から，二酸化ケイ素と酸化アルミニウムについて，表11·1に示す特性が生まれる．

11・2・2　ニューガラスとファインセラミックス

ガラスとセラミックスは美しく，また成形が容易で様々なものを作り出すことができる．そのうえ汚染されにくく，汚れは水や石鹸で除去することができ，その美しさを保つことも容易である．これらの長所から，ガラスとセラミックスは日常生活において広く利用されてきた．

耐熱性，耐薬品性，耐摩耗性，絶縁性などもこの材料の魅力である．特にガラスでは，透明性や屈折性などの光学的特性も重要である．しかし，これらの材料はこれまで，力学的な衝撃に弱く，壊れやすいという欠点を抱えてきた．

現在，ガラスとセラミックスは，このような力学的な欠点を克服すると同時に，従来，これらの材料が備えることはできないであろうと考えられてきた機能までも備え，**ニューガラス**，**ファインセラミックス**などと呼ばれて，広い利用が展開されている．

例えば，脆いというセラミックスの性質は，原料の粉体を微粒子にして焼き固めることによって改善することができた．こうして，大きな力の掛かるエンジンをも作り出すことができるようになり，またセラミックスの人工骨も実用化されつつある．

成分に注目すると，ニューガラスやファインセラミックスには典型金属だけでなく遷移金属も，また酸化物だけでなく窒化物，炭化物，ホウ化物なども利用されている．

ガラスやセラミックスの原料となる物質の化学式と特性を**表11·2**にまとめた．これら原料の特性は，できあがったガラスやセラミックスの特性に反映する．

11・2・3　金属の酸化物が示す超伝導性

一般に，金属の酸化物は絶縁体であるが，1970年，ある種の金属酸化物が

11・2 成分による特性の変化—ケイ素や金属の酸化物と新素材—

表11・2 ガラスやセラミックスの原料

物質名	特性など
二酸化ケイ素 SiO_2	純粋なものの結晶形の1つが水晶である．力学的強度が高い
酸化アルミニウム Al_2O_3	アルミナとも呼ばれる．鉱物としては鋼玉，少量の Cr^{3+} を含んだ結晶がルビー，Ti^{4+} を含んだ結晶がサファイアである．融点が高く，耐熱性が高い．また，力学的強度が高い
酸化ホウ素 B_2O_3	ホウケイ酸ガラスの原料である
酸化チタン TiO_2	チタニアとも呼ばれる．光沢のある白色をしており，白色顔料として用いられるほか，光触媒として大気汚染物質の分解，殺菌などに利用される
酸化カルシウム CaO	白色の脆い固体．水と激しく反応して水酸化物に変化する．セメントの原料でもある
酸化ジルコニウム ZrO_2	ジルコニアとも呼ばれる．融点が高く，膨張率は小さく，耐熱性が高い
炭化ケイ素 SiC	硬くて強いうえ，この特性が高温まで損なわれない．また熱伝導性が良く，急激な温度変化にも強く，軽量である．特に α-SiC は，光に対して透明である
窒化ケイ素 Si_3N_4	高温でも高い力学的強度を保ち，急激な温度変化に対しても強い

超伝導性を示すことが発見された．これは，大きな衝撃であった．こうした金属酸化物の1つは $Bi_2Sr_4Cu_3O_x$ という化学式で表され，液体窒素温度（-197℃）において超伝導性を示す．

化学式 $Bi_2Sr_4Cu_3O_x$ の x の値は確定していない．このような化合物を，原子価に異常のある化合物という．

これは大発見で，超伝導を利用する高速鉄道にすぐにも用いられることが期待されたが，2009年の段階では実用化されていない．これは，このような金属酸化物を細い導線に加工したとき，十分な強度が得られないためであるという．たとえ，ある1つの機能が優れていても，他の特性が劣っていては実用にならないという一例である．

金属酸化物における超伝導のメカニズムを，きちんと説明することのできる理論は，まだ確立していないようである．自然の神秘の奥深さを思い知らされる．

11.3 合金の特性

本章の最後に，セラミックスやセメントとは性格が異なるが，無機材料として同じように重要な合金について取り上げることにする．

合金はいくつかの金属を混ぜ合わせて，いったん融解し，その後冷却して作る．合金には

① 金属間化合物

② 固溶体

③ いくつかの微結晶の混合物

④ アモルファス合金

など，いろいろな種類がある．

上で"いくつかの金属を混ぜ合わせて"と書いたが，実は，混ぜ合わせるものは金属だけに限らない．後述する鋼は，鉄と炭素の合金である．

①の**金属間化合物**は，数種類の金属元素が一定の割合で結合してできた化合物である．②の固溶体は，1つの金属に他の金属が溶けてできた混合物で，組成は一定していない．

④の**アモルファス合金**は，金属の混合物を急冷したときに得られる，ガラスと同じように，規則的な原子配列を持たない合金である．いわば液体状態がそのまま固定化した，ガラス類似の構造を持った合金である．このため，ガラス合金と呼ばれることもある．

金属を混ぜ合わせることで合金ができるように，ポリマーを混ぜ合わせることで**ポリマーアロイ**が得られる．これは10・6節で述べた通りである．

さて合金には，元の金属にはなかったり，あるいは元の金属をはるかにしのぐ特性が現れることがある．

例えば力学的特性について，合金となって高い力学的強度が現れる例に，鉄と少量の炭素との合金である鋼，アルミニウムと銅，マグネシウムなどとの合金であるジュラルミン，チタン合金などがある．

11・3 合金の特性

表 11・3 代表的な合金

名称	組成	特性	用途
硬鋼	Fe, C (0.3〜0.7%)	硬くて,やや脆い	刃物,構造材料
ニッケル鋼	Fe, Ni (2.7〜4.5%), C (0.1〜0.4%)	硬くて,強い.錆びにくい	船舶,構造材料
18-8 ステンレス鋼	Fe, Cr (18%), Ni (8%)	錆びにくい	調理器具,食器,化学器具
青銅[a]	Cu, Sn	加工しやすい.強度が大きい,錆びにくい	美術工芸品(像や青銅器など)
黄銅[b]	Cu, Zn	展性・延性が大きく,加工しやすい	水道具,日用品
ジュラルミン	Al, Cu, Mg, Mn	軽量,強度が大きい	航空機
ニチノール[c]	Ti, Ni	形状記憶効果を示す	温度センサー,パイプ継手
ニクロム[c]	Ni, Cr	電気抵抗が大きい.融点が高い	電熱線
ウッド合金	Bi, Pb, Sn, Cd	融点が低い	ヒューズ
Nb_3Sn	Nb, Sn	超伝導性を示す	電磁石
チタン合金	Ti, Al, Sn	軽量,強度が大きい.錆びにくい	ジェットエンジン
ネオジムを含んだ合金	Nd, Fe, B	大きな磁性を示す	小型・強力な永久磁石
アモルファス合金		強度が大きい.錆びにくい.優れた磁性を示す	磁気ヘッド,テニスラケット

[a] ブロンズともいう. [b] 真鍮ともいう. [c] 元来は商品名である.

　鋼は,鉄と 2% 以下の炭素との合金である.意外に思われる読者もいるかもしれないが,純粋な鉄は銅と同じくらい軟らかい.910℃ 以上で安定な γ 鉄は 2% 程度の炭素を溶かすが,室温で安定な α 鉄はほとんど炭素を溶かさない.

　熱的特性を変えた例に,はんだ合金やウッド合金がある.これらの融点は低く,溶接やヒューズに用いられる.

　電気的特性も,金属を混ぜ合わせ合金とすることによって様々に変えること

ができる．ニッケルとクロムの合金は電気抵抗がかなり大きく，発熱するとともに高温に耐えるので，ニクロム線として電熱器に利用される．

磁気的特性についても，同様の例がある．合金は，優れた磁性材料を作り出すために大きな役割を果たしてきた．日本の科学が初めて世界をリードしたのは 1917 年，本多光太郎 (1870-1954) による，強力な永久磁石を作ることのできる合金"KS 鋼"の発明によってであった．以後，日本は磁性研究の最先端を走ることになる．現在，最も強い永久磁石は希土類元素のネオジム Nd を含んだ合金 $Fe_{14}Nd_2B$ で，これは日本で開発されたものである．

> KS 鋼の "KS" とは，研究の援助者であった住友吉左衛門のイニシャルをとったものである．
>
> KS 鋼の組成は鉄とコバルトがそれぞれ 35 %，クロム 3〜6 %，タングステン 4 %，炭素 0.9 % である．

代表的な合金を表 11·3 にまとめて示す．

● 練 習 問 題 ●

1. 単結晶と微結晶の集まりはどのように違うか．酸化アルミニウムを例に説明せよ．
2. ガラスの性質は原料の粒の大きさ（これを粒度という）によって左右されないのに，セラミックスの性質は粒度によって大きく変わる．これはなぜか．
3. 酸化カルシウムと二酸化ケイ素の結合は，どのように異なるか．
4. アルミニウムと酸化アルミニウムについて，それぞれの結合と物理的特性がどのように異なるかを述べよ．
5. 身の回りで，酸化物であるものを探してみよ．

第12章 天然物材料

　これまで物質の構造と機能性について，電子→原子・分子→原子・分子の集合体 と，複雑化の順を追って学んできた．ところが，そこでは純物質が主として扱われ，天然に存在する複雑な物質には目が行き届かなかった．しかし土木・建築においては，これら天然物材料は欠くことのできないものになっている．

　本章では，木材を代表例とする**植物材料**，皮革製品などとしてもなじみの深い**動物材料**，土木や建築において欠くことのできない岩石，砂，粘土などの**鉱物材料**について，概観しよう．

12.1 植物材料のプロフィール

　人類にとって，最も歴史の長い材料は**木材**であろう．木材は手近に，どこにいても手に入れることができ，また加工が容易で力学的な強度が大きく，しかも軽い．欠点は腐る，燃えるなどといったことであるが，1本を切り倒しても，しばらくするとまた新しい樹木が成長するので資源がつきることがない．このように使い勝手の良い材料は，ほかに考えられない．

　木材とはいえないが，かつてはよく見かけた稲わらも，同様の植物材料である．
　木材の主成分は**セルロース**で，植物の細胞壁を形作っている．このほかに**リグニン**という，細胞と細胞とを硬くつなぐ成分と，**ヘミセルロース**というセル

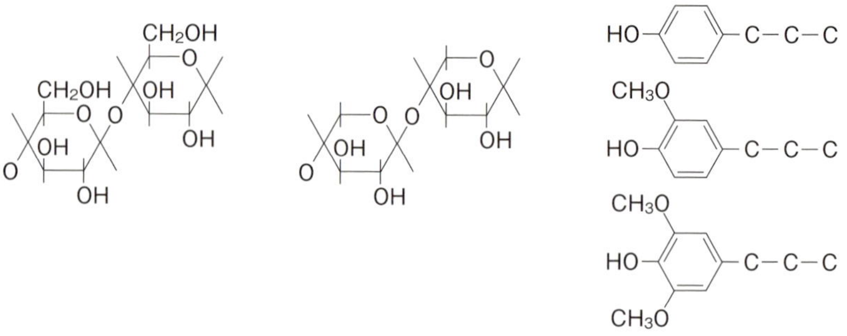

(a) セルロース　(b) キシラン（ペントサンの1つ）　(c) リグニンの構成単位

図 12・1　木材に含まれる成分

ロースに似た物質が含まれている．

　セルロースは，グルコースがいったん環になったうえ，さらに直線状につながったものである．分子全体が共有結合でつながっており，強い．ヘミセルロースは，グルコースの"親類"ともいえる．糖がつながってできたものである．リグニンはいろいろな物質の総称であるが，ベンゼン環を持った高分子化合物である．**図 12・1** にセルロース，ヘミセルロースの1つであるペントサン，リグニンの構成単位のそれぞれの構造式を示す．

　図 12・1 (a)，(b) に示した通り，また上でも述べた通り，ペントサンを作る糖と，グルコースとは大変よく似ている．ペントサンを作っている糖では炭素が5個，これに対してグルコースは炭素が6個である．

　ところで人間は，木材をそのまま使う一方で，種々の植物からセルロースだけを取り出し，紙や繊維，布を作った．麻，木綿などはその代表例であり，いずれもセルロースが主成分である．

　特に木綿は **表 12・1** に示すように，ほぼ純粋なセルロースである．セルロースは直線分子なので繊維にしやすい．そのうえ丈夫で，しなやかで，水との親和性が良いために湿気をよく吸収する．このように木綿は，衣服材料として理想的な性質を備えている．

表 12·1　いろいろな植物材料の成分

	セルロース (%)	ヘミセルロース (%)[a]	リグニン (%)
針葉樹	50〜55	5〜12	30
広葉樹	50〜55	20	20
木　綿	>90	—	—

[a] 特に，ペントサンについて示した．

セルロースが水に対する親和性を示すのは，ヒドロキシ基 −OH を多く持っているからである．これについては 114 ページで触れた．

12·2　動物材料のプロフィール

人類は，動物からも様々な材料を得てきた．皮からは靴や衣服が作られ，骨は釣り針となった．

さて，動物の皮，動物の毛や鳥の羽はタンパク質である．もちろん，絹のような天然繊維や動物の肉も，同様にタンパク質である．

図 12·2 に示すように，タンパク質は −(NH−CHR−CO)− の繰り返しからなっている．直線分子であり，共有結合によってつながっているので，強い繊維になる．また縦方向の引っ張りには強いが，横方向の力が加わると裂けてしまう．

一方の骨は，その 70 % ほどをリン酸カルシウム $Ca_3(PO_4)_2$ と炭酸カルシウム $CaCO_3$ が占め，この 2 つが硬さを生み出している．残りの 30 % はタンパク質で，関節や軟骨を形作る．

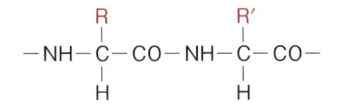

図 12·2　タンパク質の構造
　　R, R′ の構造は様々に変わる．

12.3 鉱物材料のプロフィール

12・3・1 岩石

木材とともに，最も歴史の長い材料として岩石が挙げられるであろう．おそらくは，人類が最初に利用した材料の1つである．岩石はよく知られるように，狩猟や調理のための道具を作るのに用いられ，建築資材ともなった．これらは岩石の持つ，高い力学的強度のためであった．

(1) 岩石の種類

ところで岩石は，**火成岩**と**堆積岩**とに大別される．

火成岩は，マグマが地表に出て固まったものである．主成分は**表 12·2**に示すように，ケイ素やアルミニウムの酸化物であるが，鉄やカリウム，ナトリウムなども含まれている．

> 鉄やカリウム，ナトリウムなどは，岩石中にそのままの形で存在するわけではなく，他の成分と複雑に結合して存在している．表12·2のように成分を酸化物の形で表すのは，分析の方法から生じた制限である．

火成岩のうち，黒曜石はガラス質であり，鋭利な刃物を作ることができるので，石器時代においては，やじりやナイフのための重要な材料であった．

> 黒曜石は地表に出たマグマが固まる際に，急冷されたものである．表12·2に見るように，黒曜石に似た成分を持つものとしては流紋岩がある．

一方の**堆積岩**は，堆積物が固まったものである．堆積岩は成分により，2種

表 12·2 いろいろな岩石の成分 (%)

		SiO_2	Al_2O_3	$FeO + Fe_2O_3$	Na_2O	K_2O	CaO	CO_2
火成岩	花崗岩	72.2	14.6	2.40	2.90	4.50	1.70	—
	安山岩	59.2	17.1	7.10	3.20	1.30	7.10	—
	玄武岩	50.51	13.45	11.37	2.28	0.49	11.18	—
	流紋岩	75.2	13.5	2.22	4.20	2.70	1.60	—
	黒曜石	73.84	13.00	2.61	3.82	3.92	1.52	—
水成岩	石灰岩	5.2	0.8	0.5	0.05	0.3	42.6	41.6
	泥岩	58.9	16.7	6.5	1.6	3.6	2.2	1.3
	砂岩	78.7	4.8	1.4	0.5	1.3	5.5	5.0

類に大別することができる．

　1つは砂岩や泥岩などのグループで，火成岩が陸上で砂や泥になった後，海中で固まったものである．これらの成分は火成岩とそれほど変わらない．もう1つのグループの代表例は石灰岩である．石灰岩は炭酸カルシウムを主成分とするが，これは海中のカルシウムイオンが，二酸化炭素と結合して沈殿の後，生じたものである．

　堆積岩のうち，水中で堆積したものを特に**水成岩**と呼ぶ．

(2) 岩石中の原子の結合

　岩石の中で，原子はどのように結合しているのであろうか．岩石にもいろいろなものがあるので一概にはいえず，また結合の仕方も複雑で理解が難しいところもあるが，ここではごく大雑把に大局的なとらえ方をすることにしよう．

　岩石の基本は石英である．すでに何度か述べているように，石英の構造はダイヤモンドの構造に類似している．ダイヤモンドの炭素 C の位置にケイ素 Si があり，3次元の網目構造を作っている．ただし石英の場合には，Si と Si との間に酸素 O がある．

　火成岩の多くは，アルミニウム Al を含んでいる．ここで Al が Si に代わって，石英の結晶格子の中に入り込む．石英は共有結合性とともにイオン結合性も持っているので，このことを考慮して上の現象をイオンの形で書くことにすれば，$-O^-$ と結合している Si^{4+} が Al^{3+} に置き換わったということになる．

　さて，Si^{4+} が Al^{3+} に置き換わったところでは，プラス電荷が足りなくなっている．その不足を補うためカリウムイオン K^+，ナトリウムイオン Na^+，カルシウムイオン Ca^{2+} などが石英の結晶格子の中に入り込む．このようにして K^+ が入り込んだのがカリ長石と呼ばれる鉱物である．これは $KAlSi_3O_8$ の組成を持ち，火成岩の重要な成分である．

　　これまで，石英の結合については共有結合性を強調してきた．しかし現実には，イオン結合性も大きく寄与している．上の問題については，イオン的な説明による方が分かりやすいので，そちらにしたがうことにした．

表 12・3 粒子の大きさによる鉱物材料の分類

粒子の大きさ (mm)	～ 20	～ 2	～ 0.05	～ 0.005	～ 0.001	～
名　称	小石	砂	土	粘土	（コロイド）	

12・3・2 砂と土，粘土

　岩石が小さくなり，粒子となったものが**砂**で，さらに小さくなると**土**と呼ばれるようになる．土のうちで，粒子の小さいものが**粘土**である．このような粒子の大きさによる分類を**表 12・3** にまとめた．

　こうした砂や土，粘土の粒子1つ1つが持つ性質は，岩石と同じものである．しかし同時に，粒子が細かいことによって新しい，粒子特有の性質が現れるようになる．すなわち土や粘土の保水力，水を含んだときに得られる流動性である．これらは畑や水田を作ったり，道路や堤防を造ったりするときに有用な特性となる．

　また土や粘土は，焼き固めるとレンガになって，土木・建築材料になる．レンガはセラミックスであり，また隙間が多いだけで，その本質は岩石と何ら変わりがない．

● 練習問題 ●

1. 身の回りから，以下が主成分となっているものを挙げよ．また，その機能はどのようなところで生かされているか．
   (a) ゴム　　(b) セルロース　　(c) タンパク質　　(d) 金
   (e) 大理石　　(f) ダイヤモンド　　(g) グラファイト
2. 次を構成している，主な成分元素を挙げよ．
   (a) 木材　　(b) 石灰岩　　(c) 粘土　　(d) 牛革
3. 家屋に用いられている材料を天然物，人工物に分けて列挙せよ．（**ヒント**：土台，柱，壁，窓，床，天井，屋根など系統的に調べてみよう．屋根に太陽電池が設置してある場合は，それも含めて考えよう．）
4. 絹とナイロンについて，両者の構造と性質を比較せよ．

第13章 材料の複合化

　我々が日常利用しているモノは，ただ1つの素材からできていることは稀で，いくつかの素材を組み合わせてできあがっている場合が多い．このように素材を組み合わせることを**複合化**という．最も身近な例の1つは鉄筋コンクリートで，押す力には強いが引っ張りの力に弱いコンクリートと，引っ張りには強いが曲げには弱い鉄とを組み合わせ，お互いの長所を利用すると共に欠点を補い合っている．
　最近は積層と呼ばれる，"層を積み重ねる"方法で組織的な複合化が行われる．これは，高度な機能を発揮させるために有用である．

13・1　複合化による機能の発現

　明らかに異質な素材を組み合わせ，お互いの機能を補完し合い，新たに優れた機能を持った材料を作り出すことを材料の**複合化**といい，こうして得られた材料を**複合材料**と呼ぶ．複合材料の代表例は，**鉄筋コンクリート**であろう．
　鉄筋コンクリートを梁(はり)に用いる場合には，**図 13・1** に示すように，鉄筋を下側に配置するようにする．梁がたわむと，梁の上部には押しの力が加わり，下部には引っ張りの力が加わる．そこで，押しの力に強いコンクリートが上部に，引っ張りの力に強い鉄筋が下部に配置されるようにして，両者の役割を分担させているのである．

第13章　材料の複合化

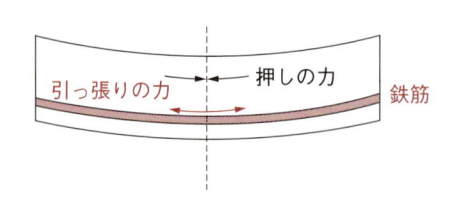

図13·1　鉄筋コンクリートの梁

　鉄筋コンクリートと同じアイデアを生かしたものとして，**繊維強化金属**が挙げられる．ボロン繊維強化アルミニウムはスペースシャトルに，炭化ケイ素繊維強化アルミニウム，炭素繊維強化チタンはスポーツ用品，航空機に使用される高度な材料である．

　同じような複合化の例は，ほかにもある．日本刀では，硬くて切れ味は良いが脆い硬鋼と，粘りはあるが軟らかくて刃物に適さない軟鋼とを合わせ，お互いの長所を生かして欠点をカバーし合っている．ベニヤ板は，複数の薄い木板を交互に重ねることによって，木材の縦方向と横方向の力学的性質の違いを，巧みに平均化したものである．

　また生物の体では，至るところに複合化を見出すことができる．手足を見ても，力を支える硬い骨，力を生み出す筋肉，これらを保護する皮膚など，それぞれが適切な位置を占め，その役割を分担して全体をうまく機能させている．

13·2　積層による複合化

　最近では，それぞれが異なった機能を備えた複数の層を積み重ねて**積層構造**を作ることにより，材料の複合化が行われるようになった．積層構造によって，必要な機能を材料の適切な位置に組み込むことが可能になり，いくつもの高度な機能を，自在にコントロールした形で1つの材料に持たせることができるようになる．

　積層構造の応用は，古くからあった．青銅表面の金メッキ，素焼きの陶磁器の上に施す釉薬（うわぐすり　ともいう），木の下地の上の漆など，素朴な形で

13・2　積層による複合化　　　　　　　　　　　　　　　137

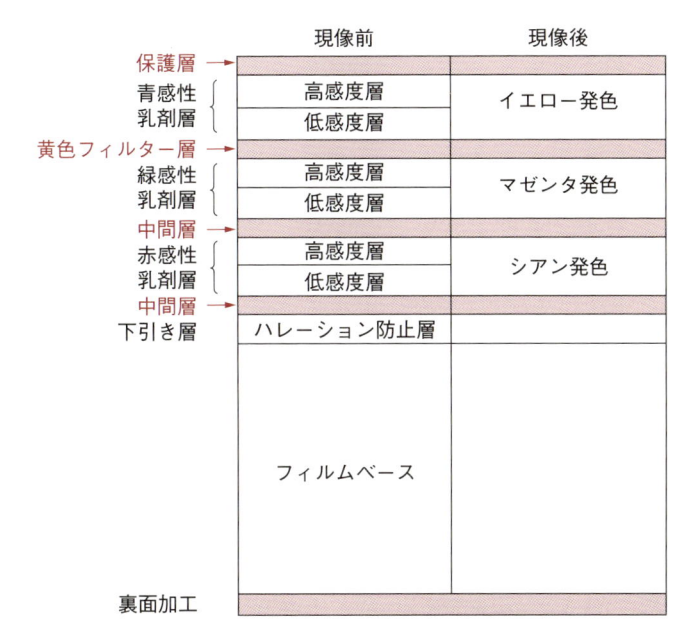

	現像前	現像後
保護層 →		
青感性乳剤層 {	高感度層	イエロー発色
	低感度層	
黄色フィルター層 →		
緑感性乳剤層 {	高感度層	マゼンタ発色
	低感度層	
中間層 →		
赤感性乳剤層 {	高感度層	シアン発色
	低感度層	
中間層 →		
下引き層	ハレーション防止層	
	フィルムベース	
裏面加工		

図 13・2　カラーフィルムの積層構造

はあるが，それぞれの素材の特性を生かした，積層による複合化になっている．アルミニウムの表面を酸化して，化学的に安定なものにしたアルマイトも1つの例であろう．

　我々にとって身近な写真撮影用のカラーフィルムは，**図 13・2** に示すような，高度な積層構造を備えている．カラーフィルムでは，ポリエチレンテレフタレートなどで作られた，全体の基板となるフィルムベースの上に，いくつもの薄膜が積み重ねられている．1つ1つの薄膜は，それぞれに特有な役割を果たし，例えば3原色は各々別の，塗布層と呼ばれる薄膜に感光する．塗布層は感光・発色層のほか，フィルターや感光剤が混ざるのを防止する中間層などからなり，11～18層も積み重ねられている．しかし，塗布層全体の厚さは $25\,\mu\mathrm{m}$ 程度しかない．

　さらに高度なものとして，**傾斜機能材料**が挙げられる．これは，材料の表と裏とでは全く異なる物質となっているが，その中間の挟まれた領域では，厚さ

図 13・3　傾斜機能材料の概念

方向に連続的に物質の組成が変化しているという材料である．例えば図 13・3 のような，表がセラミックスで，裏が金属というものが作られている．この傾斜機能材料のコンセプトは，スペースシャトルに用いる耐熱材料開発を目標に，日本で生み出されたものである．数千度という高温に耐えるセラミックスで外側を守り，一方の金属で丈夫な内部空間を作ろうというもので，炭化ケイ素－炭素系，ジルコニア－ニッケル系などが検討されている．傾斜機能材料は，人工骨などの生体適合性材料にも有力な概念である．

"厚さ方向に連続的に物質の組成が変化している" 様子を "傾斜" と表現し，これが傾斜機能材料という名前の由来となっている．

練習問題

1. 以下について，異なった特性を持つ材料を組み合わせ，それぞれの長所を生かし，欠点を補うようにした工夫を考察せよ．
   (a) 鉄筋コンクリート　　(b) 竹，わら，土などを混ぜた壁
   (c) アスファルトと砂利による道路の舗装
   (d) 木の下地に漆を塗った食器　　(e) 鉛筆　　(f) ビデオテープ
   (g) 金めっきを施した青銅器
   (h) 素焼きの上に釉薬を施した陶磁器
2. 自動車のタイヤを切り開いて構造を調べ，それぞれの素材の役割を考えよ．

第 2 部

機能性から物質をみる

　第1部では，物質構造の高度化（電子 ⟶ 原子 ―(結合)→ 分子 ⟶ 集合体）を生み出す原理（それは化学の基礎そのものである）と，それに伴って変貌する機能性との関連をたどった．第2部では，第1部と見方を逆にして，機能性を柱に物質構造との関連を見る．

　機能性と物質構造の高度化との関連を簡潔にまとめた表に続いて，第14章では，現代の科学技術で重要な役割を果たしている機能性のいくつかを取り上げて解説した．その項目は，表の末尾に指示してある．

　第15～17章は，我々がその機能性の恩恵を受けている物質との付き合い方に関するものである．限りある資源を安全にかつ効果的に活用することを考えよう．

力学的(機械的)特性

力学的特性の多面性

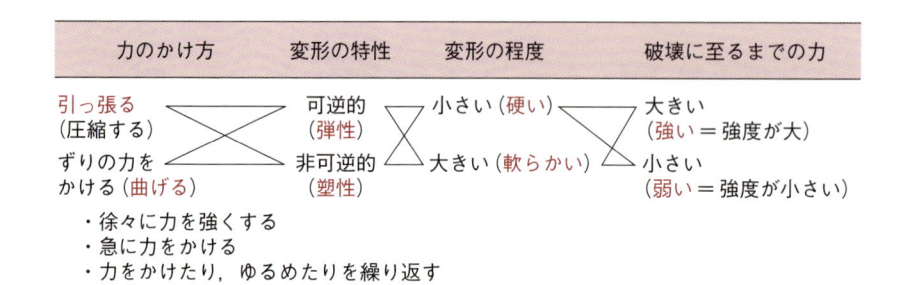

力のかけ方	変形の特性	変形の程度	破壊に至るまでの力
引っ張る (圧縮する) ずりの力を かける(曲げる)	可逆的 (弾性) 非可逆的 (塑性)	小さい(硬い) 大きい(軟らかい)	大きい (強い=強度が大) 小さい (弱い=強度が小さい)
・徐々に力を強くする ・急に力をかける ・力をかけたり,ゆるめたりを繰り返す			

図① 固体の力学的性質

物質構造の重層化に伴う力学的特性の発現と変化

電子と原子核:力学的特性はマクロな性質(原子・分子の集合体になって現れる性質)なので,電子,原子核のレベルでは発現しない.

原子・分子:電子と原子核と同じで,原子,分子1個では発現しない.

原子・分子の集合体

気体:力を掛けると自由に変形する.気体に掛けた圧力と気体の体積は反比例する(ボイル-シャルルの法則).一部に加えた力(圧力)は全ての方向に満遍なく伝わる(パスカルの法則).これらの性質は空気バネ,タイヤなどに利用される.

液体:力を掛けると自由に変形するが体積はわずかしか変わらない.一部に加えた力(圧力)は全ての方向に満遍なく伝わる(パスカルの法則).この特性は油圧機に応用される.

結晶

共有結合性結晶(例 ダイヤモンド):結晶の破壊はミクロに見れば(共有)結合の切断,変形は結合の伸縮・変形によって起こる.共有結合は強く,方向性があるので,共有結合性結晶は硬くて壊れにくい.(しかし,結合切断に基づいて計算される引っ張り強度の値は実測値の10～100倍も大きな値であることが多い.これは,実際の結晶中には原子配列に乱れ(格子欠陥あるいは転位)があって,結合が完全でない部位があるためである(p.151;格子欠陥の項参照).)

金属結合性結晶(例 鉄,アルミニウム):1個の電子が複数の結合に関与していて,結合は弱く,また結合の相手が変わりやすい.このため,金属は変形しやすく,可塑性がある.

イオン結合性結晶(例 食塩の結晶):プラスとマイナスのイオン間に働く引力は大きいので引っ張り圧縮には強いが,結合に方向性がないので横からの力に弱い.たたくと砕けてしまう.

分子性結晶(例 ドライアイス):分子間に働く力は化学結合に比べて小さいので,小さ

な力で簡単に砕けてしまう.

複雑な構造の物質
　ガラス：共有結合性結晶がいったん融解し，それが再び冷却されたとき完全な結晶にならず乱れた構造のまま固化したものであるから，結晶に匹敵する硬度と強度を持つ.
　セラミックス：共有結合性結晶の微粉末を高温で一部融解，癒着させて作ったもの．癒着が十分でないので，共有結合性結晶ほどの力学的強度は出ない．しかし技術の進歩によって，非常に力学的強度の大きなセラミックスが作られるようになった（セラミックスでガソリンエンジンができる）.
　高分子化合物：長鎖高分子化合物はお互いに絡み合って結びつき，かなり強い引っ張り強度を生む．一方，分子と分子の間に隙間があるので，曲がりやすく柔軟である（ガラスの構造に近い）．（関連事項：ゴム弾性）
　炭素繊維：不完全なグラファイト構造が3次元的に絡み合い重なったもので，強い共有結合によって構成されており大きな強度を持つ．一方，構造の乱れが柔軟性の原因となる.
　合金（例　ジュラルミン，ステンレス鋼，鋼鉄）：金属の組み合わせ，微量の物質の添加などによって優れた力学特性を持った（優れた熱特性なども併せ持った）材料が作られる.
　複合系：材料の長所を生かし欠点を補うように材料を組み合わせる．引っ張りに強く曲げに弱い鉄とその逆の性質を持つコンクリートを組み合わせた鉄筋コンクリート，弾力のあるゴムと引っ張りに強い繊維を組み合わせたタイヤなどが例として挙げられる.

トピックス（14・1節）：格子欠陥，ゴム弾性

表① いろいろな材料の力学的特性

名　称	ヤング率 （垂直方向の力に 対する変形率） （×10¹⁰ Pa）	剛性率 （せん断応力（横方向の力） に対する変形率） （×10¹⁰ Pa）	引っ張り強度 （×10⁸ Pa）
鉄[a]	20.5	8.1	1.96
鋳鉄	17.6	6.9	3.7
硬鋼	20.5	8.1	4.5
ステンレス鋼	19.7	7.4	5.2
銅	20.4	8.1	3.35
黄銅[b]	11.0	4.1	2.8
アルミニウム	6.9	2.7	0.55
ジュラルミン	6.9	—	3.55
超々ジュラルミン	7.4	2.8	5.73
チタン合金	10.6	4.1	9.80
金	7.80	2.70	2.0〜2.5
ポリエチレン	0.04〜0.13	0.026	0.21〜0.35
ゴム	〜0.0005	〜0.0001	—
ナイロン66	0.12〜0.29	—	0.62〜0.83
石英[c]	7.31	3.12	〜10
木材	1.3	—	0.6〜1.1

[a] ただし，工業用純鉄．　[b] 真鍮ともいう．　[c] ただし，溶融石英．

熱的特性

熱的特性の多面性

表② 物質の熱的特性

不燃性である(建築材料)	可燃性である(燃料)
熱伝導性が良い(調理器具,LSIの基板)	断熱性が良い(炉材料,建築材料)
熱容量が大きい	熱容量が小さい
耐熱性が高い(耐熱レンガ,スペースシャトルの外壁)	熱加工性が高い(ガラス,プラスチック)

左右で,それぞれ相対する特性が対比されるようにまとめた.カッコ内は,それらの特性を生かした材料や応用の例.

物質構造の重層化に伴う熱的特性の発現と変化

電子と原子核:遊離の電子・原子核についても,次に述べる原子と同じように温度が定義できる.すなわち,それらの粒子の持つ運動エネルギーである.

原子:気体状態の原子は(並進の)運動エネルギーとして熱エネルギーを蓄える.温度が高いということは,原子の飛ぶ速度(並進の速度)が大きいということである.

絶対温度 T で,質量 m の気体原子の並進運動エネルギーは原子の種類によらず,

$$\frac{1}{2}mv^2 = \frac{3}{2}\left(\frac{R}{N}\right)T$$

ここで,N はアボガドロ定数,R は気体定数である.すなわち,原子の速度 v は,絶対温度 T の平方根に比例する.同じ温度では,軽い原子ほど速く飛ぶ.

熱伝導とは,飛んでいる原子が離れた場所にある原子・分子に衝突して運動のエネルギーを渡すことである.それゆえ,速度の大きい軽い原子ほど熱伝導率が高い.

分子(結合):分子の並進運動(このエネルギーは $1/2\ mv^2 = 3/2\ (R/N)\ T$)の他に分子の回転,分子内の原子の振動に熱エネルギーを蓄える.温度が高いとは,並進速度の増大,単位時間当たりの回転数の増大,振幅の拡大を意味する(図8·6 (p.88) 参照).

これらのエネルギーが衝突などにより他の分子,場所に移っていくことが熱伝導である.

分子の集合体

気体:気体物質を構成する分子の運動エネルギー(並進,回転,振動)として熱エネルギーが蓄えられる(並進については原子の項で述べた通り).そのエネルギーの平均値が温度に対応している.

液体:基本的には気体と同じ.ただし,液体分子の動ける距離は短い(したがって絶えず衝突している).

結晶:結晶中ではそれを構成する原子は大きくは動けない(並進の自由がない).原子間の振動(格子振動)が運動として許されるだけである.

共有結合性結晶:(熱)エネルギーは結合間の振動エネルギーの形で貯えられる(温度が高くなると振幅が大きくなる).温度が上がると融解するということは,振動のエネルギーが結合のエネルギーに打ち勝ち原子が自由になることである.したがって,結合エネルギーの大きなものは融点が高い.

熱が伝わるとは，振幅の大きな場所が結合を伝わって移動することである．ダイヤモンドの熱伝導率は極めて大きい．

金属結合性結晶：金属結合で作られた結晶では，格子振動のほかに自由電子の運動にもエネルギーが蓄えられる（熱容量には格子振動の役割が大きいが，熱伝導には自由電子の役割が大きく高い熱伝導性を示す）．

分子性結晶：分子間に働く力は化学結合に比べて小さく，低い温度で分子は動けるようになる（分子からできている多くの有機化合物の融点は低い）．ヨウ素 I_2 のようなものでは，液体を通り越して直接気体になる（昇華）．熱伝導率は小さい．

複雑な構造の物質

ガラス：熱エネルギーは結合の振動として蓄えられる．振動が結合に沿って伝播するのが熱伝導である．セラミックスと違い隙間がないので熱伝導はよい．不規則な構造のまま固まっているので（構造は液体状態），温めていくと徐々に軟らかくなる．

セラミックス：共有結合性結晶の微粉末を高温で一部融解，癒着させて作ったもの．高温に耐える．癒着が十分でないので熱伝導が小さい（耐火煉瓦や茶わんなどに使われる理由）．

高分子化合物：ガラスと似た構造で，似た熱的性質を示す．

トピックス：なし

表③ いろいろな物質の融点，熱伝導率と電気抵抗率

名　称	融点 (℃)	熱伝導率 (W/(m·K))	電気抵抗率 ($\times 10^{-8} \Omega \cdot m$)
タングステン	3407	177 (0℃)	7.3 (100℃)
鉄	1536	83.5 (0℃)	14.7 (100℃)
銅	1085	403 (0℃)	2.23 (100℃)
アルミニウム	660	236 (0℃)	3.55 (100℃)
マグネシウム	650	157 (0℃)	5.6 (100℃)
ナトリウム	98	142 (0℃)	9.7 (100℃)
ダイヤモンド	―	3010	―
グラファイト	―	80〜230 (0℃)	―
ケイ素	1412	168 (0℃)	―
ゲルマニウム	938	67 (0℃)	―
水晶	1610	9.3 (70℃)[a] 5.4 (70℃)[b]	―
石英ガラス	約1600	1.4 (0℃)	―
砂	―	0.3 (20℃)	―
磁器	1100〜1400	1.5 (常温)	―
コンクリート	―	1 (常温)	―
サファイア	2054	450	―
アルミナ	―	21 (常温)	―
石膏	―	0.13 (常温)	―
氷	0	2.2 (0℃)	―
ナイロン	―	0.27 (常温)	―

[a] 軸に平行な場合．　[b] 軸に垂直な場合．

電気的特性

電気的特性の多面性

表④　電気伝導率による物質の分類

導体	超伝導体（リニアモーターカーやMRI装置などの電磁石）
	良導体（導線）
	半導体（トランジスター，集積回路）
絶縁体	通常の絶縁体（高圧送電線の碍子，一般の絶縁部品）
	強誘電体（コンデンサー，圧電素子）

電気伝導率（σ）はオームの法則の比例定数

$$I = \sigma \frac{a}{l} v$$

{I：電流値（A）；a：断面積（m^2）；l：長さ（m）；v：電圧（V）；σの単位はAV^{-1}m^{-1}＝Sm^{-1}，ここでS（ジーメンス）＝A/V}

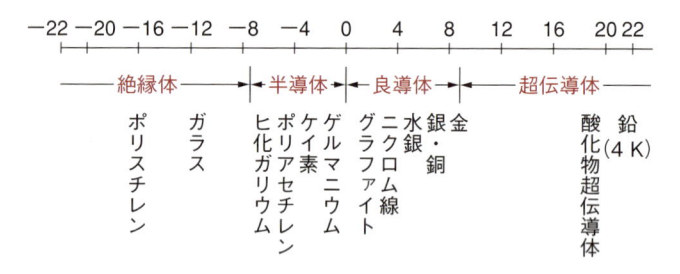

```
—22 —20 —16 —12  —8  —4   0   4   8   12   16   20 22
     ←―絶縁体―→|←半導体→|←良導体→|←――超伝導体――→
      ポリスチレン    ガラス    ポリアセチレン  ゲルマニウム  グラファイト  ニクロム線  銀・銅  水銀  金   酸化物超伝導体  鉛(4K)
```

図②　物質の電気伝導率 σ（S m^{-1}）の分布（対数で表示）

物質構造の重層化に伴う電気的特性の発現と変化

電子と原子核：マイナスの電荷を持つ電子，プラスの電荷を持つ原子核が動くことは電気が流れたことになる（例 蛍光灯の中で起こっている放電）．

原子：原子核と電子が結合してできる原子では電荷が中和していて電気的に中性となっている．原子が動いても電気は流れない．しかし，電子を失って陽イオンになったり，電子をもらって陰イオンになったりすると電気を運ぶことができる．

分子：電気的に中性の分子は動いても電気を伝えない（一般の有機分子は絶縁体である）．しかし，電子を失って陽イオンになったり，電子をもらって陰イオンになったりすると電気を運ぶことができる．

分子の集合体

気体：電気的に中性の分子からなる気体は電気を通さない．しかし，電気的衝撃などによってイオンができると電気が流れる（落雷）．

液体：高温に熱して融解した金属塩（溶融塩）は電気を通す．この中では正・負イオンが動いて電気が伝えられる．金属塩などを溶かした水溶液でも同様に電気が伝えられる．

結晶

- **共有結合性結晶**：共有結合では，電子が結合に局在しており，一般には電気を通さない．しかし，グラファイトのように共役系が発達したものでは，共役系の中で自由に電子が動けるため高い電気伝導性を示す．

  ケイ素やゲルマニウムのように(共有)結合が弱いものでは結合の一部が切断し，ごくわずかではあるが自由電子ができる．これが小さい電気伝導性を生み出す．電子を失ってプラスに帯電した原子(正孔)も移動して電気を運ぶ(半導体の導電機構)．

- **金属結合性結晶**(例 銅，アルミニウム)：金属結合を作っているのは一か所に束縛されることのない自由電子であり，電場が掛かると容易に移動する．金属の結晶は電気をよく通すものが多い．

- **イオン結合性結晶**(例 食塩の結晶)：イオンそれ自身は電荷を持つが，結晶の中では動けないので電気を伝えることができない．絶縁体の中には，大きな電気は通さないが高い誘電率を持つものがあり(チタン酸バリウムなど)，いろいろな目的に使われる．イオン結合性化合物は，水などに溶ければ電気伝導性を示すようになる．

- **分子性結晶**(例 有機化合物の結晶)：分子が電気的に中性である場合が多く，また分子自身が動けないので電気を伝えない絶縁体である．しかし，絶縁体の中には大きな誘電率を持つものがあり，その特性を生かした応用がある．

- **合金**：金属の組み合わせによって様々な電気特性を持った材料を作ることができる(例 ニクロム)．

複雑な構造の物質

- **ガラス**：一般には電気を通さないが，特殊な物質を含むものは導電性を持つ．
- **セラミックス**：一般には電気の絶縁体．碍子などは陶磁器で作られる．一方，ある種の金属酸化物($Ba_2(Sr, Ca)_4Cu_3O_x$ (x は未確定))は 90〜95 K で超伝導体になる．

トピックス(14・2節)：超伝導体，半導体，強誘電体

表⑤ 代表的な良導体

名 称	電気伝導率 ($\times 10^7$ S/m)	名 称	電気伝導率 ($\times 10^7$ S/m)
リチウム Li	1.2	銅 Cu	6.5
ナトリウム Na	2.4	鉄 Fe	1.1
カリウム K	1.6	亜鉛 Zn	1.8
マグネシウム Mg	2.5	スズ Sn	0.87
アルミニウム Al	4.0	水銀 Hg	0.11
金 Au	4.9	グラファイト C	0.23[a]
銀 Ag	6.8		0.00005[b]

[a] へき開面に水平な方向に対して
[b] へき開面に垂直な方向に対して

磁気的特性

磁気的特性の多面性

```
         ┌─ 常磁性体 ─┬─ 強磁性体
         │           └─ 一般の常磁性体
         │
         └─ 反磁性体 ─┬─ 反強磁性体
                     └─ 一般の反磁性体
```

図③　磁性体の分類

物質構造の重層化に伴う磁気的特性の発現と変化

電子：電子は1個だけ独立に存在するときには強い磁石である．これは電子の自転によるスピンのためである．

原子核：原子核には磁性を持たないものと，弱い磁性を持つものがある（^{1}H, ^{13}C など；NMR と MRI（14・3・5 項）参照）．磁性を持つものでも電子の磁性に比べて遥かに小さく，電子スピンが中和されているときのみ観測される．

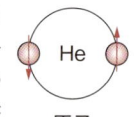

原子：原子の中では，大部分の電子が2個ずつスピンを逆向きにして対を作り磁性を消滅させてしまう．不対電子がある原子は磁性を持つが，一般に不対電子を持つ化学種は不安定で存在が限られる．しかし，原子の中には大きな磁性を示すものがある．鉄などの遷移金属である．この磁性は，d, f 軌道にフント則にしたがって電子が詰まっていくときにみられる．

分子：原子では存在した不対電子も，結合を作ると2個の電子が対を作って磁性が消滅する．一般の有機分子・典型元素からできている無機塩は磁性を持たない．しかし，原子核に基づく弱い磁性は残り，核磁気共鳴吸収（化学では NMR，医学では MRI と呼ばれる）が測定される．
遷移元素を含む化合物（遷移金属錯体など）は一般には磁性を持つ．ただし，磁化率は化合物によって大きかったり小さかったりする．これは，金属の周囲の環境で，d 軌道の縮退が解け，d 軌道における電子の配置が変化するためである．

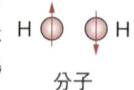

原子・分子の集合体

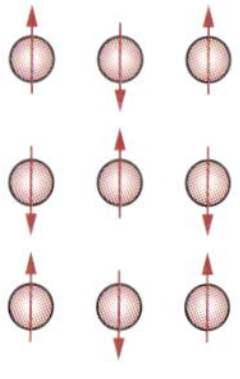

結晶：鉄原子は強い磁性を持っているが，それが集合して結晶になったとき，磁石になるかというと，必ずしもそうではない．結晶を作るとき，原子が磁性を打ち消すように配列して，全体として磁石にならないことがあるためである．
　室温で安定な α 鉄（体心立方構造）は，768 ℃ 以下の温度で強磁性の性質を示すが，910〜1390 ℃ で安定な γ 鉄（面心立方構造）は，弱い磁性

(常磁性) しか示さない．鉄の結晶の中では，全ての鉄原子のスピンの方向が揃って強い磁石になる．しかし，我々が普通使っている鉄製品は，磁石に引き付けられることはあっても，磁石として他の鉄片を引き付けることはない．これは，鉄の塊がたくさんの小さな結晶（磁区）に分かれていて，一つ一つの磁区は強い磁石であるのに，個々の磁区の磁気モーメントの方向がばらばらであるために，全体として磁気モーメントが打ち消されてしまうためである．ところが，外から強い磁場をかけると，それに引っ張られて，磁区の磁気モーメントが一方向に揃うようになる．このような状態で鉄の塊は強い磁石になる．これは我々が日常経験することである．鉄釘は，そのままでは磁石にならない．しかし，強い磁石に触れさせておくと磁化され，他の鉄製品を吸い付けるようになる．

複雑な構造の物質

フェリ磁性：磁気テープに使われているフェライト Fe_3O_4 は，Fe^{3+} と Fe^{2+} とが 2：1 の割合で含まれている．大きな磁性を持つ Fe^{3+} は一つおきにスピンを逆にして並び磁性を打ち消しているが，間に挟まった Fe^{2+} はスピンの方向が揃って，全体として磁石となる（Fe^{3+} に基づく磁性が打ち消し合っているため，全体としての磁性は弱い）(14・3・4 項参照)

複合系

合金：強力な（永久）磁石を作るために多くの研究者が努力した．この領域では日本は特に大きな成果を持っている（本多光太郎の KS 磁石鋼）．現在使われているサマリウム（希土類元素）磁石は強力で，磁石の小型化を通して様々な分野の技術の進歩を支えている）．

トピックス (14・3 節)：物質構造の複雑化と磁性，永久磁石，フェリ磁性，NMR（MRI）

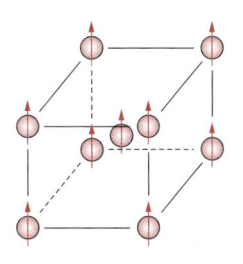

α 鉄の結晶構造

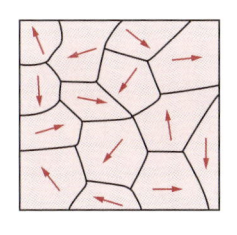

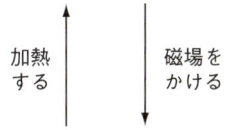

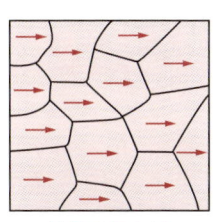

加熱する

磁場をかける

結晶の集まり

光学的特性

光学的特性の多面性

表⑥ 物質の光学的特性

	対照的な光学的特性	
物理的特性	光を透過させる．すなわち，光に対して透明である（光ファイバー，一般の窓ガラス）	光を吸収する．すなわち，物質に色がつく（遮光用ガラス，ペンキ）
	光を放出する（ナトリウムランプ，蛍光塗料）	
	電気-光変換が可能である（発光ダイオード，有機EL，半導体レーザー）	光-電気変換が可能である（太陽電池）
化学的特性	感光性を示す（CD，写真，フォトレジスト）	光耐性を示す（日焼け止めクリーム）

左右で，それぞれ相対する特性が対比されるようにまとめた．カッコ内は，それらの特性を生かした材料や応用の例．

物質構造の重層化に伴う光学的特性の発現と変化

電子と原子核：我々が容易に扱える 200～800 nm の光（近紫外一可視光）は電子，原子核には作用しない．

原子：原子の中では，電子は特定のエネルギーを持った軌道に収容されている．光はこのような電子にエネルギーを与え，外側の空軌道にたたき上げる．このとき2つの軌道のエネルギー差に相当する波長の光が選択的に吸収される（すなわち色が出る）．

逆に，高いエネルギーの軌道にいる電子が低いエネルギーの軌道に落ちてくるときには，2つの軌道のエネルギー差に相当する波長の光が発生する（14・4・1項を参照）．

分子：分子についても，光との相互作用（吸収と発光）は原子の場合と基本的には同じ．しかし，分子では結合によって原子にはなかった軌道が生まれている．結合によって生まれる軌道のエネルギー差は原子軌道のそれに比べて小さいので，結合による軌道を使っての光の吸収，放出が多く見られる（同じ元素からできている物質でも構造が違えば色が様々に違う理由）．

分子は光が通過する方向によって光吸収が異なることがある．このような場合，分子を一方向に配列させたり，乱れた配列をとらせたりすることで光吸収を制御することができる（色がついたり消えたりする）．これが液晶の原理である．

原子・分子の集合体
　結晶
　　共有結合性結晶（例 ケイ素，ゲルマニウム，ヒ化ガリウム，酸化チタン）：光の吸収，放出の原理は基本的には分子と同じ．ただ，結晶の中には無数の結合があるので，電子の詰まった被占軌道，電子の詰まっていない空軌道も無数にあってバンド構造にな

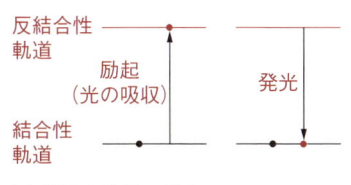

(a) 単純な分子の場合

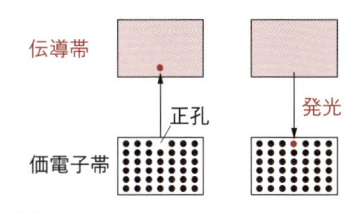

(b) 半導体の場合
　　光の吸収と発光

図④　光励起
半導体結晶中では同じ性格の軌道が相互作用してエネルギー領域が広がり帯構造を作る.

っている（被占軌道が価電子帯に，空軌道が伝導帯に対応する）．価電子帯と伝導帯のエネルギー差に相当する光を吸収すると，電子は伝導帯に挙げられ，伝導帯の軌道を使って自由に動けるようになる.

これによって，光伝導，光起電力が生じる．逆の過程が発光ダイオードの原理である．現在応用がすすめられている光触媒の技術もこれに負っている.

複雑な構造の物質
　ガラス：共有結合性結晶がいったん融解し，それが再び冷却されたとき完全な結晶にならず乱れた構造のまま固化したものであるから，結晶と同じように光を通す.

　セラミックス：共有結合性結晶の微粉末を高温で一部融解，癒着させて作ったものなので，微結晶間に隙間があり光が乱反射して透過しない.

　高分子化合物：ガラスに似た光学的性質を示す.

トピックス（14・4節）：レーザー，半導体の光物性（光起電力-発光），光記録

第14章 現代の科学技術で重要な機能性

　この章では，第1部で取り上げることができなかったいくつかの機能性を解説する．これらは現代の科学技術の基盤となる重要なものばかりである．また，そのいくつかは日常生活において我々が利用しているものでもある．身近なものからの化学の理解にも役立てていただきたい．

14·1 物質の力学的特性

14·1·1 ミクロから見た変形のメカニズム

(1) 破断と格子欠陥

　共有結合（あるいは金属結合）性結晶を引っ張って切断するという現象は，ミクロに見ると，破断面にあるすべての結合を切ることである（**図14·1**）．このモデルを精密化すれば，切断強度を，原子や分子の結合の強さから理論的に計算によって導き出すことができそうである．

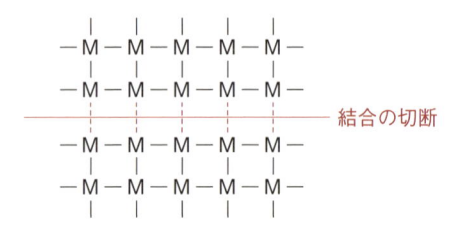

```
    |   |   |   |
  —M—M—M—M—
    |   |   |   |
  —M—M—M—M—
    |   |   |   |   ←結合の切断
  —M—M—M—M—
    |   |   |   |
  —M—M—M—M—
    |   |   |   |
```

図14·1　ミクロに見た破断の模式図

14・1 物質の力学的特性

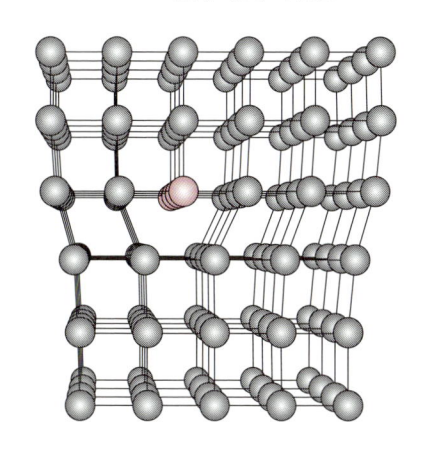

図 14・2 格子欠陥

　実際に，原子や分子の結合の強さに基づいて引っ張り強度などを計算することは可能である．しかし計算によって得られる値は，実測される引っ張り強度の 10 倍から 100 倍も大きな値であることが多い．これは材料が，物質本来の力を発揮していないことを意味する．

　材料が，ミクロな構造から予測される力学的強度の 1/10 以下程度しか発揮できないのは，物質中の原子配列に乱れがあって，すなわち原子が多すぎたり，少なすぎたりするなどして，結合がうまくできていない箇所があるからである．このような箇所を **格子欠陥**，あるいは **転位** という．図 14・2 に示した，このような構造や結合の乱れが，力学的強度を小さくすることは容易に想像されるであろう．

　しかし格子欠陥の数は，正常な配列をしている原子の数に比べて非常に少ない．このようなわずかな格子欠陥が，材料全体の力学的強度を，1/10 から 1/100 にしてしまうのはなぜであろうか．

　それは，格子欠陥は 1 箇所に止まっているわけではないからである．格子欠陥の周りでは原子が動き，結合を変え，その結果，格子欠陥は動き回ることになって，たくさんの結合を弱めるのである．電子顕微鏡の発達により，格子欠陥の動く様子を実際に観察することができるようになった．

さて、このように考えてくると、格子欠陥のない材料を作り出せば、理論によって期待される大きな力学的強度を持った材料を作り出せるはずである．実際に、これは実現している．"ウィスカー"と呼ばれる髭状の細い形状ではあるが、格子欠陥のない鉄が作り出され、期待通りの大きな力学的強度が得られている．

(2) ゴムが示す弾性のメカニズム

よく知られているように、ゴムは力を加えると伸びたり縮んだり、曲がったりなど、大きく変形する．しかし力を取り去ると、すぐに元の形に戻る．このような優れた弾性が注目され、自動車のタイヤや、そのほかにも衝撃を緩和する目的で様々に利用されている．

ここでは、こうしたゴムが示す弾性のメカニズムを、ミクロな分子のレベルから考えることにする．

図 14·3 に示すように、天然ゴムの分子は二重結合を持っている．そして、この二重結合をした炭素から出る炭素の鎖が、分子の同じ側にあるというシス構造をしている．このようなことから、ゴム分子全体は丸まっている．ポリエチレン分子が細長いのとは対照的である．

さて、引っ張りの力がゴムに加えられると、丸まっていたゴム分子はまっすぐに伸びる．これにはあまり力は要らず、ゴム全体は大きく伸びる．やがて力が取り去られると分子は丸まった状態に戻り、ゴム全体は縮んで元の形に戻る

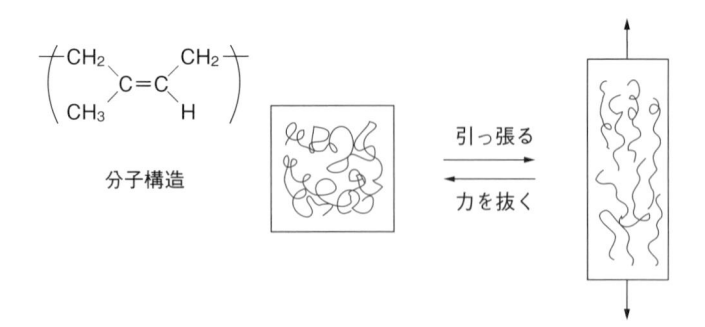

図 14·3　ゴム分子の化学構造

ことになる．以上が，ゴムが示す弾性を分子のレベルから眺めたものである．

> ゴムが示す弾性は熱力学的に見た場合，他の物質が持つ伸び縮みのメカニズムとは異なっている．ゴムが伸びるとき，ミクロなレベルでは，分子が丸まった"乱雑な状態"から，分子の方向が揃った"秩序の高い状態"になる．言い換えると，エントロピーの高い状態からエントロピーの低い状態になるのである．**エントロピー**とは"乱雑さ"を示す指標で，物理学や化学において重要な概念であるばかりでなく，経済学などにおいてもよく聞かれる言葉になっている．さて自然現象は，秩序の高い状態から乱雑な状態になる方向へと進む．すなわち，エントロピーが増大する方向に進む．ゴムを伸ばすことはエントロピーを減少させたことになるので，力を取り去ると，エントロピーの高い乱雑な状態になろうとして，ゴムは縮むことになる．

14・2 物質の電気的特性

14・2・1 超伝導体

電気抵抗率が0になる物質を**超伝導体**と呼ぶ．また同じように，電気抵抗が0で電流が流れる現象を超伝導現象，または単に超伝導といい，そのような物質の特性を**超伝導性**と呼ぶ．

超伝導性の発見の歴史は古く，1911年，低温科学の開拓者カマリング・オネスが，4.2 Kという極低温に冷やした水銀において観察したことにまでさかのぼる．超伝導性を示す物質は限られており，また，この性質は温度が低くないと現れないことが特徴的である．代表的な超伝導体を，臨界温度と共に**表14・1**に示す．

> 超伝導性を示す最高温度を**臨界温度**という．例えば臨界温度が77 Kであるというときは，77 K以下の温度では超伝導性を示すが，それ以上の温度では超伝導性を示さないということである．

ところで超伝導体の研究は，より高い臨界温度を示す材料を探すことを中心に繰り広げられてきた．これまでの臨界温度は数Kという場合が多く，この

表 14·1　代表的な超伝導体

名　称	臨界温度 (K)
単体	
Al	1.196
Hg	4.154
Nb	9.23
Pb	7.193
化合物	
Nb_3Al	18.8
$Nb_{0.79}(Al_{0.73}Ge_{0.27})_{0.21}$	21.05
合金	
$Nb_{0.75}Zr_{0.25}$	10.8
酸化物	
$Bi_2(Sr, Ca)_4Cu_3O_x$ [a]	110
$RBa_2Cu_3O_{7-8}$ [b]	90〜95
有機化合物	
$(BEDT-TTF)_2Cu(NCS)_2$ [c]	10.4

[a] x は確定していない
[b] R は Y, La, Nd, Sm, Eu, Gd, Dy, Ho, Er, Tm, Yb
[c] BEDT-TTF の構造式は

ような極低温を実現するためには，高価で，資源的にも貴重な液体ヘリウムを使う必要があった．もし臨界温度が高くなり，安価な液体窒素により実現できる 77 K 以上の温度で超伝導性を示すような物質が見つかれば，超伝導体はより身近な材料となる．

このような状況の中で，金属や合金だけにとどまらず，TTF 関連化合物のような有機化合物においても超伝導性が認められた．1986 年には，金属酸化物に超伝導性が見出され，しかもその臨界温度が 77 K 以上になるということで，大きなセンセーションとブームとを巻き起こした．これが"高温超伝導フィーバー"であった．

金属酸化物における超伝導性の発見はそれまでの常識を覆すもので，ようやく確立したかに見えた超伝導現象に関する理論では説明のつかないものであった．こうして"超伝導の科学"は新しい局面を迎えたのである．

さて，77 K 以上の高い臨界温度を持つにもかかわらず，金属酸化物を材料として利用した超伝導磁石などの装置は 2009 年現在，まだ実用化されていないようである．これは，このような金属酸化物を細い導線に加工したとき，十分な強度が得られないためであるという．たとえ，ある 1 つの機能が優れていても，他の特性が劣っていては実用にならないという一例である．

14・2・2 半 導 体

良導体と絶縁体の中間の大きさの電気伝導率を持つ物質を**半導体**と呼ぶ．具体的には，およそ 10^{-1} S/m から 10^{-5} S/m の電気伝導率を示す物質である．

半導体は現代の技術を支える最も重要な材料である．半導体は単に電気を伝えるというだけでなく，条件に応じてその電気伝導性を変化させたり，光学的特性などの他の機能性と結びつくなどして，広い応用を見せる．

表 14・2 に代表的な半導体を示した．ケイ素，ゲルマニウムなどの単体のほか，ヒ化ガリウム，リン化インジウムのような第 13-15 族化合物，酸化亜鉛，硫化カドミウムなどの第 16 族元素の金属化合物などがある．

14・2・3 ミクロから見た電気伝導のメカニズム

(1) 半導体の電気伝導のメカニズム

半導体では，電子による電気伝導とともに，**正孔**による電気伝導が見られることが特徴的である．

表 14・2　代表的な半導体

名　称	電子移動度[a] ($\times 10^{-4}$ m^2/(V·s))	正孔移動度[a] ($\times 10^{-4}$ m^2/(V·s))
ケイ素 Si	1500	500
ゲルマニウム Ge	3600	1800
ヒ化ガリウム GaAs	9700	420
リン化インジウム InP	3400	50
硫化カドミウム CdS	210	

[a] いずれも，300 K における値．

半導体としてよく知られている純粋なケイ素 Si では，共有結合の切断が原因で電気伝導が起こる．いま，共有結合が切断したとする．すると不対電子が生じ，この電子は結晶中を自由に動き回って，電気を伝えることになる．ところで一方，このような電子の抜けた"孔"はプラスに帯電する．これが**正孔**である．ところが，このように"孔"の空いた状態は不安定なので，隣の結合から電子が移ってきて結合を回復し，正孔が消滅する．しかし同様に，このとき電子を与えた隣の結合は切断されたことになりプラスに帯電，すなわち正孔が生じる．このような結合の切断の移動が，すなわち正孔の移動であることは理解できよう．正孔はプラス電荷を持っているから，この移動により電気が伝わることになる．

以上の様子を模式的に**図 14·4** に示した．またこのような正孔と，電子の結晶中での動きやすさは物質によって異なる．表 14·2 に示した正孔移動度や電子移動度といった値はこれを表すものである．値が大きいほど，動きやすいことを意味している．

ところで半導体の電気伝導率は，温度が高くなるにつれて大きくなる．これは，温度が高いほど切断される結合の数が多くなり，電子と正孔の数が増えるからである．このような温度依存性は，金属と反対である．金属では温度が高くなると電子の衝突の機会が増し，電気伝導率は小さくなる．

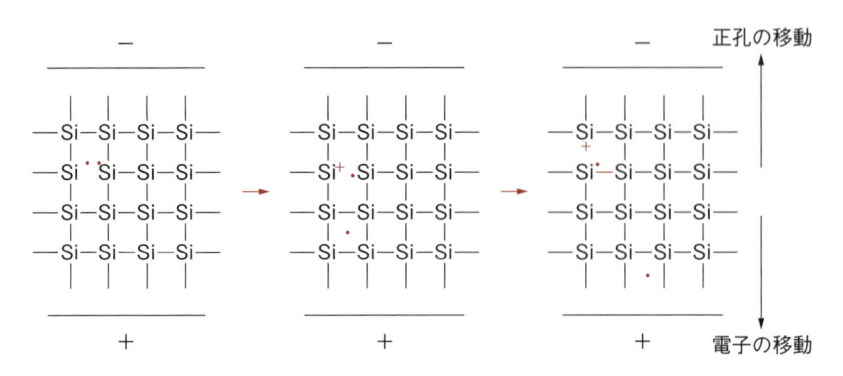

図 14·4　半導体の電気伝導のメカニズム
　　　　 Si における正孔と電子．

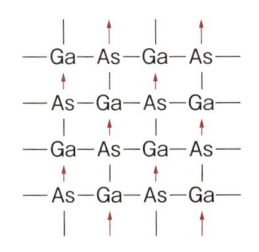

```
 |   |   |   |
—Ga—As—Ga—As—
 |   |   |   |
—As—Ga—As—Ga—
 |   |   |   |
—Ga—As—Ga—As—
 |   |   |   |
—As—Ga—As—Ga—
 |   |   |   |
```

図 14·5　ヒ化ガリウム GaAs の結合

さて半導体には，ヒ化ガリウム GaAs のような化合物もある．このような化合物が半導体となるのはどうしてであろうか．

ガリウム Ga は第 13 族元素であるから最外殻電子の数は 3 個であり，ヒ素 As は第 15 族元素であるから最外殻電子の数は 5 個である．ここで，**図 14·5** において矢印で示したように，As の原子が電子 1 個を Ga の原子に与えると，両者は第 14 族元素どうしの結合と同じように共有結合で結びつけられることになる．したがって，第 14 族元素で半導体である Si と同じような特性を示すことが期待される．このようにして，化合物 GaAs は半導体になるのである．

　上のようなメカニズムで生じた共有結合は，7·3·6 項で述べたように配位結合と呼ばれる．
　半導体の電子構造については，光起電性などと関連させて，14·4·2 項でも述べる．

14·2·4　強 誘 電 体

よく調べてみると，絶縁体にもいろいろなものがある．その中で，特に材料として注目されるのは**強誘電体**である．

ある物質について外から電場を加えたとき，その物質が外からの電場の作用を打ち消そうとする性質を**誘電性**という．そして，特にそれが大きい場合を**強誘電性**と呼ぶ．また誘電性，強誘電性を示す物質をそれぞれ**誘電体**，**強誘電体**と呼ぶ．

さて，そもそも誘電性は，分極している分子に見られる性質である．いま，

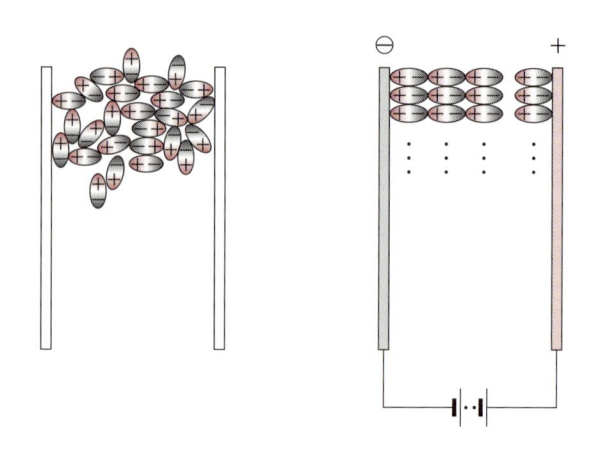

図 14·6　コンデンサーの電極間に満たされた誘電体

　このような分子をコンデンサーの電極間に満たすと，分子は整列して，図 14·6 のように，向き合った部分の電極の電荷を打ち消してしまうようになる．このため電極間に何もないときに比べ，電極の間に誘電体が満たされたときは，コンデンサーはより多くの電気量を蓄えることができるようになる．このときの電気量の比を比誘電率と呼ぶ．これは誘電性の大きさの目安になり，強誘電体は比誘電率の値が大きい．比誘電率の例を表 14·3 に示す．

　上のように，コンデンサーに蓄えられる電気量が大きくなることを"静電容量が大きくなる"という．

　分極の大きいものほど，大きな比誘電率を示すことは明らかであろう．

表 14·3　代表的な強誘電体

名　称	比誘電率
ダイヤモンド	5.7
雲母	7.0
メタノール[a]	32.6
ベンゼン[a]	2.28
酒石酸カリウムナトリウム[b]	4000（室温）
チタン酸バリウム	～5000（室温）

[a] ただし，気体の場合．　　[b] ロッシェル塩とも呼ばれる．

14·2 物質の電気的特性

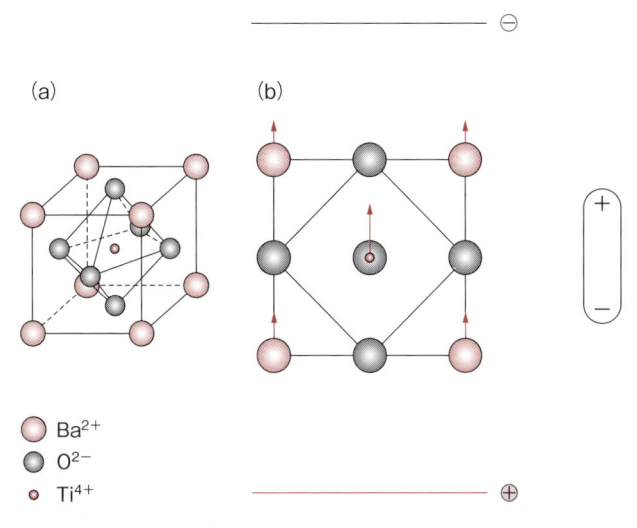

図14·7 ペロブスカイト型構造をしたBaTiO₃の分極
(a) ペロブスカイト型構造　(b) 分極の発生

　強誘電体の代表例として，**チタン酸バリウム** BaTiO₃ を挙げることができる．その比誘電率は，表14·3にも示したように5000にも達する．チタン酸バリウムは，**図14·7**に示すような**ペロブスカイト型構造**という特殊な構造をしている．図14·7(a)に示すように，中心に位置する Ti^{4+} は大きな電荷を持っているうえサイズが小さいので，周りを O^{2-} で囲まれているものの，自由に動ける範囲が大きい．このため外から電場が掛かると(b)のように Ti^{4+} は大きく動いて，大きな分極を作る．このようにしてBaTiO₃は高い比誘電率を示す．

　　Ti^{4+} は，あくまで O^{2-} で囲まれた"檻"の中を動くだけで，"檻"の外には出られない．外に出てしまうと，これは電気伝導になってしまう．

　実際においては，強誘電体はコンデンサーの材料として重要である．電子回路には半導体だけでなくコンデンサー，抵抗，電池なども必要であり，こうした回路の小型化のためには，コンデンサーの小型化も要求される．このため

に，強誘電体は必要な材料となっている．

また強誘電体は，電場が掛かるとその方向に縮み，大きく歪む．逆に，強誘電体に力を加えて圧縮すると，電場が発生する．このとき強誘電体の両端に生じる高電圧によって火花を飛ばせば，これを利用した自動点火器を作ることができる．また同じ原理によって，圧力センサーを作ることもできる．

14・3 物質の磁気的特性

14・3・1 物質構造の複雑化と磁性

第1部で，電子 → 原子 ―(結合)→ 分子と，化学構造が複雑化するのに応じて磁性がどのように変わるかを見てきた．原子の中では，大部分の電子はスピンを逆にして対を作り，磁性を失ってしまうが，鉄原子は強磁性を持つことを明らかにした．それでは，鉄原子が金属結合で結びついて集合した，鉄の結晶は強磁性を持つであろうか．答えは"必ずしも，そうとは限らない"である．原子の集合の仕方によっては，隣り合うどうしでスピン磁気モーメントの方向が反対になり，原子の状態で持っていた強磁性を失うことも多いのである．

スピン磁気モーメントの方向がそろって並び，結晶が強磁性を示すか，反対向きに並んで強磁性が打ち消されてしまうかは，原子の集合の仕方，すなわち結晶の仕方や温度などによって変わる．例えば鉄の場合，結晶の仕方にはいくつかあり，室温で安定な α 鉄は図 14・8 に示すような体心立方構造をしており，強磁性を示す．しかし，温度を上げていくと 770 ℃ で常磁性になる．

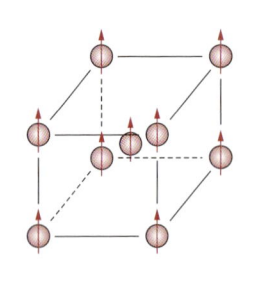

それではさらに，α 鉄のような強磁性を示す結晶がたくさん集まって"塊"になったときに，常に強磁性を示すかというと，これもそうとは限らないのである．このようなことは，普通の鉄製の道具が磁石に吸い付けられることはあっても，他の鉄製品を吸い付けるような磁石としての働きを持たないことからも分かるであろう．

図 14・8　α 鉄の結晶構造

このような現象は，鉄の"塊"が，**磁区**と呼ばれるいくつかの領域に分かれていることから起こる．ある1つの磁区の中ではスピン磁気モーメントの方向がそろっているのに，磁区ごとで，このスピン磁気モーメントの方向がばらばらであるために，全体としては強磁性とはならないのである．

磁性はこのように，物質構造の複雑化と共に，現れたり隠れたりする面白い特性である．

14・3・2　磁化と永久磁石

前節で述べたような，磁区を持つ鉄の"塊"に，外から強い磁場を掛けてやると，磁区どうしのスピン磁気モーメントの方向がそろい，全体が磁石としての性質を示すようになる．このような現象を**磁化**と呼ぶ．長い時間，磁石に付けておいた鉄釘が他の鉄釘を吸い付けるようになったことを経験した読者もいるであろう．これが磁化である．

磁化によって強い磁石となった鉄の"塊"は，加熱によって，磁石としての性

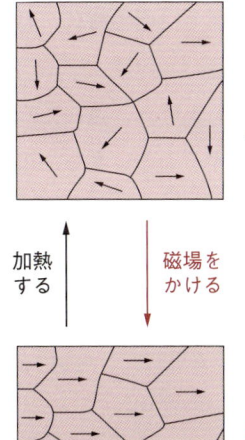

図14・9　磁化

質を失ってしまう．これは磁気モーメントの方向が再び，それぞれの磁区の間でばらばらになるためである．この様子を図 14·9 に示した．

14·3·3　強力な永久磁石

現代の技術において，磁石は大きな働きをしている．しかし大半は，我々の目につかないところで，小さな磁石が活躍しているのである．乗用車の中には 50 から 100 個もの永久磁石が使われているという．

前項までの考察から分かるように，ある物質が"塊"として強力な永久磁石になるためには，スピン磁気モーメントの方向がそろったままで集合が進み，かつ"塊"となったときには，いったん磁化すればそれが弱りにくいという強い条件をクリアしなければならない．しかし，どうすればスピン磁気モーメントをそろえることができるかという問いに答える理論はなく，強力な永久磁石作りは試行錯誤で進まなければならない．現実には，原子の状態で磁性の高い材料を選び，それを様々に組み合わせることによって，優れたものを見つけ出すという方法によっている．

強力な永久磁石を作ることは，日本のお家芸である．明治時代，日本の物理学の建設者の 1 人であった本多光太郎 (1870-1954) は 1917 年，画期的な KS 鋼を創り出し，日本の物理学を世界の第一線に押し上げた．以後，本多の門下生を中心に，日本は磁性物理学を世界的にリードすることになる．現在においても，学術的な研究とともに，強力な永久磁石を作る材料の開発の面でも大きな成果を上げており，近年発明された希土類磁石は現在，最も強い永久磁石である．

希土類磁石にはコバルトサマリウム磁石とネオジム磁石とがあり，前者の例としては $SmCo_5$ や Sm_2Co_{17} を，後者の例としては $Nd_2Fe_{14}B$ などを挙げることができる．

14・3・4 フェリ磁性

特異な磁性に**フェリ磁性**がある．フェリ磁性を示す四酸化三鉄 Fe_3O_4 は，ビデオテープやフロッピーディスクなどに利用されている．ビデオテープの茶色い色は，この Fe_3O_4 の色なのである．

Fe_3O_4 は，Fe_2O_3 と FeO とが 1：1 で結びついてできたものである．Fe_2O_3 の鉄は Fe^{3+} であり，不対電子は 5 個である．これに対して FeO の鉄は Fe^{2+} であり，不対電子は 4 個である．このように，Fe_3O_4 には磁性の異なる 2 種類の鉄が存在することになる．フェライトでは ○ で示した Fe^{3+} と ● で示した Fe^{2+} が図 14・10 のように並んでいる．○ の Fe^{3+} のスピン磁気モーメントは交互に並んで打ち消しているが，● の Fe^{2+} のスピン磁気モーメントは同じ方向にそろう．Fe^{3+} の分の磁性は打ち消されてしまうが，鉄のうちの 1/3 に当たる Fe^{2+} のスピン磁気モーメントが同じ方向を向くことになり，全体として磁性を示す．大部分の磁性は失われていることになるが，それでも十分に，フロッピーディスクやビデオテープなどの磁気記録用に利用できるのである．

図 14・10　フェリ磁性

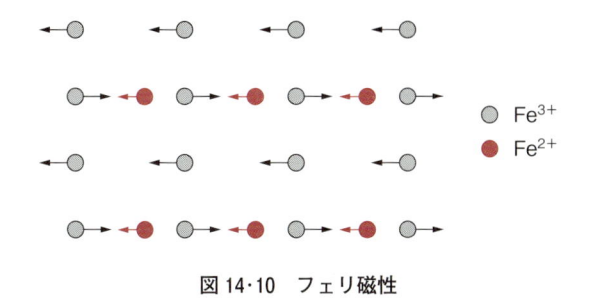

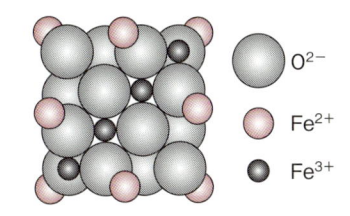

図 14・11　Fe_3O_4 の構造

14・3・5　MRI（NMR）

核磁気共鳴（NMR：Nuclear Magnetic Resonance）を応用した技術の中で，我々にもなじみの深いものに MRI（Magnetic Resonance Imaging）がある．**図 14・12** に示すような装置を目にしたことのある読者も多いであろう．MRI は臨床診断に利用されるが，それにとどまらず，テレビの科学番組にも登場して，体の構造や動きを実際に見せてくれるような教育的な場面でも活躍している．

ところで本書では，これまで電子に関わる磁性だけを取り上げ，原子核については考えてこなかった．ところが実は ^{1}H（自然界の 99.9 % 以上の水素原子は ^{1}H である），^{13}C（自然界の炭素原子の約 1 %）など，磁性を示す原子核が存在しているのである．ただし，その大きさは電子の 1/2000 程度で，普通の条件では問題にならない．しかし，この小さな磁性も，強い磁場の中では外に現れてくる．MRI は，この現象を利用するものである．

強い磁場中の ^{1}H は，その磁性によって存在が明らかにされる．さらに，その ^{1}H がどこに多く存在し，どこに少ないかは，CT（Computerized Tomography）の技術を使って画像化することができる．**図 14・13** に見られる脳の内部は，脳の各部に含まれる水素原子の濃度の違いを測定して描かれたものである．このようにして，テレビの科学番組でもよく見かける，脳や体の断層画像が得られるのである．

　　強い磁場を作るためには超伝導磁石なども使われる．

14・4　物質の光学的特性

14・4・1　発光 ―レーザーについて―

光の吸収と共に，**発光**も重要な現象である．発光は自然発光とレーザー発光とに分類でき，特に後者の**レーザー**は光技術の中で，いくら強調しても強調しすぎることはないというほどの役割を果たしている．身の回りを眺めても，夜空を彩るレーザーディスプレイ，レーザーポインター，また CD プレーヤーの

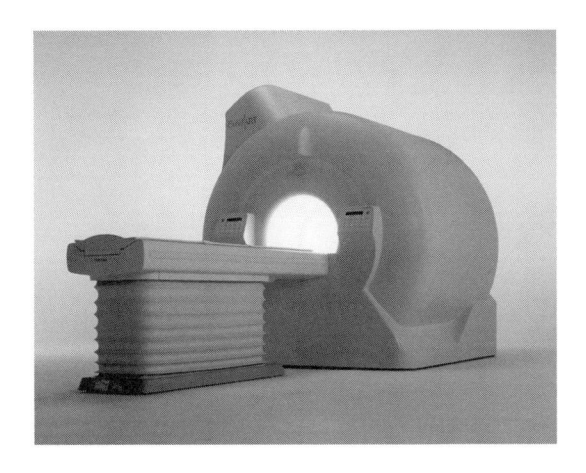

図14·12　MRI装置（東芝メディカル（株）提供）

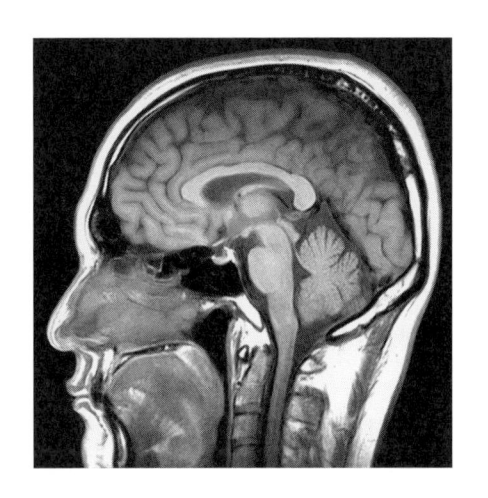

図14·13　脳の断層写真（東芝メディカル（株）提供）

中など，いろいろなところでレーザーが活躍している．

本節では，レーザーについて簡単に説明することにしよう．

さて6·5·1項で述べたように光は，励起状態にある原子や分子において，エネルギーの高い外側の軌道を回っていた電子が，エネルギーの低い内側の軌道に落ちてくるときに，放出される．特別なことがなければ，この過程は一斉

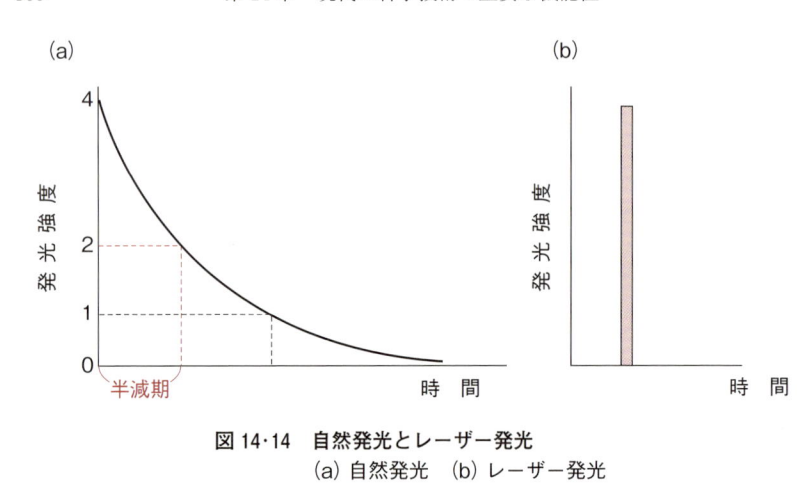

図 14・14　自然発光とレーザー発光
(a) 自然発光　(b) レーザー発光

には起こらず，**図 14・14 (a)** に示すように，ある時間を掛けてバラバラに，すなわち時間に対して確率的に起こる．このようなメカニズムで光を放出するのが，自然発光と呼ばれる現象である．

これに対してレーザー発光は，**図 14・14 (b)** に示すように，外側の軌道の電子が内側の軌道に落ちる過程を一斉に起こす，すなわち強制的に光を放出させるのである．そのためには"刺激"がいるが，これにはまた，光を用いる．つまり，励起状態にある原子や分子の近くに，ちょうど上で述べた2つの軌道のエネルギー差に相当するエネルギーを持った光を通してやるのである．すると，この光に合わせて，励起状態にある原子や分子が光を放出する．これがレーザー発光である．

実際のレーザー装置としては**図 14・15** のように，鏡で囲まれた空間の中に励起状態の原子や分子を作っておき，そこに"刺激"となる光を入射させ，放出された光をこの空間の中で何回も反射させながら通過させるのである．こうすることによって空間の出口からは，励起状態にある原子や分子から放出された光が位相をそろえて，1つの"塊"となって出てくる．

この光の"塊"は，時間的にも空間的にも1点に集中している．したがって，このレーザー光を使って情報の記録や読み出し，運搬を行えば，短い時

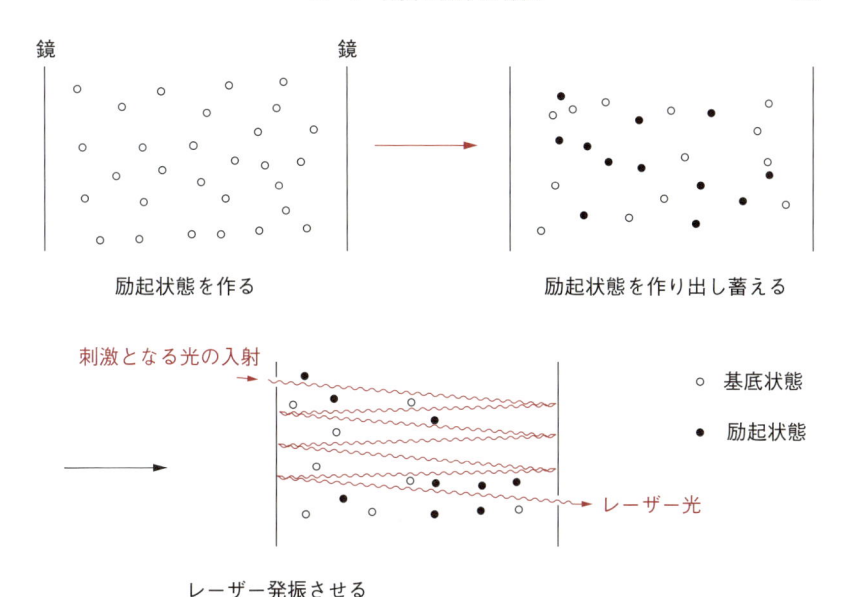

励起状態を作る　　　　　　　励起状態を作り出し蓄える

○ 基底状態
● 励起状態

→ レーザー光

レーザー発振させる
光の通る道筋で，励起状態から出る光と位相を揃えて
合併し高い強度の光の"塊"となって出ていく

図 14・15　レーザーの仕組み

間，小さな空間で足りることになる．現代において，レーザーが特に有用である理由は，ここにある．

14・4・2　光起電性の利用と発光ダイオード (LED)

物質の光学的特性が電気的特性に変換されて生み出されるのが**光起電**と**光伝導**という現象で，電気的特性が光学的特性となって現れたのが**発光ダイオード** (Light Emitting Diode；LED) である．共に半導体を舞台に，光学的な機能と電気的な機能とが複合したものといえる．

(1) **光起電性**

半導体中の電子構造は，電子の詰まっている**価電子帯**と，電子の詰まっていない**伝導帯**とからなる．**図 14・16** に示すように，半導体は価電子帯と伝導帯のエネルギー差に相当する波長の光を吸収し，価電子帯の電子を伝導帯に上げ

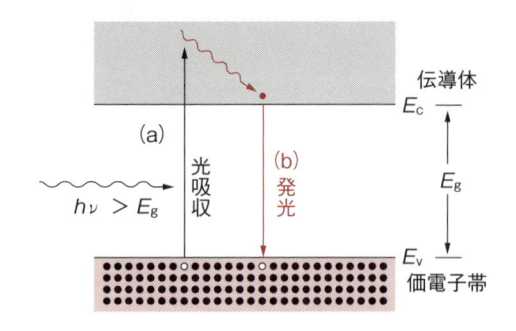

図14·16 半導体の電子構造と光の吸収

る．このとき同時に価電子帯に，電子の抜けた"孔"として**正孔**を生じる．

ところで，光の吸収によって**伝導帯**に上げられた電子は動きやすく，電気伝導に寄与する．これが光伝導と呼ばれる現象である．また伝導帯の電子はエネルギーが高いので，これを取り出せば電気エネルギーとして利用することができる．これが**光起電**という現象であり，このような性質を**光起電性**と呼ぶ．

上で述べた価電子帯と伝導帯とのエネルギー差を**バンドギャップ**といい，半導体では普通，数eV(**eV**はエネルギーの単位で"**電子ボルト**")程度である．例えば，代表的な半導体であるケイ素のバンドギャップは1.14 eVである．

$1\,\mathrm{eV} = 1.60 \times 10^{-19}\,\mathrm{J}$ である．

この半導体のバンドギャップの大きさは，可視光線と紫外線のエネルギーと同じくらいである．したがって半導体は，可視光線や紫外線を吸収することになる．

> 実際にケイ素のバンドギャップが，どのくらいの波長の光のエネルギーに相当しているかを計算してみよう．ケイ素のバンドギャップ1.14 eVは，$1\,\mathrm{eV} = 1.60 \times 10^{-19}\,\mathrm{J}$ より $1.82 \times 10^{-19}\,\mathrm{J}$ である．すでに繰り返し学んだように，波長 λ の光のエネルギー ε は，プランク定数を h，光の速さを c とすると，一般に $\varepsilon = hc/\lambda$ で与えられるので，いまの場合 $\varepsilon = 1.82 \times 10^{-19}\,\mathrm{J}$ として，$h = 6.63 \times 10^{-34}\,\mathrm{J\,s}$，$c = 3.00 \times 10^8\,\mathrm{m/s}$ を代入すると $\lambda = 1.09 \times 10^{-6}\,\mathrm{m}$ となる．すなわち，およそ波長1100 nmの光のエネルギーが相当することになる．この波

長の光は赤外線の領域に属するが，これよりも短い波長の光は吸収することができるので，ケイ素は可視光線を吸収することになる．したがって，光伝導や光起電などに可視光線を利用することができる．

単位 nm は"ナノメートル"と読む．1 nm = 10^{-9} m である．

(2) 発光ダイオード

光起電と逆の過程をたどる現象が半導体の発光であり，これを利用したものが**発光ダイオード**である．

発光ダイオードでは，まず電気エネルギーによって，価電子帯の電子を伝導帯に上げる．この電子が元の価電子帯に戻るとき，つまり電子が価電子帯にできた正孔と再結合するとき，価電子帯と伝導帯とのエネルギー差，すなわちバンドギャップに相当するエネルギーを持つ光を放出する．図 14·17 に，以上のような発光ダイオードの原理を示した．なおバンドギャップの大きさによって，放出される光の色が異なることは，容易に想像できるであろう．

ただし，全ての半導体がこのような過程によって発光するわけではない．これは半導体によって，上のような発光の過程が効率よく起こるものと，他の過程でエネルギーを消費して，発光に至らないものとがあるからである．

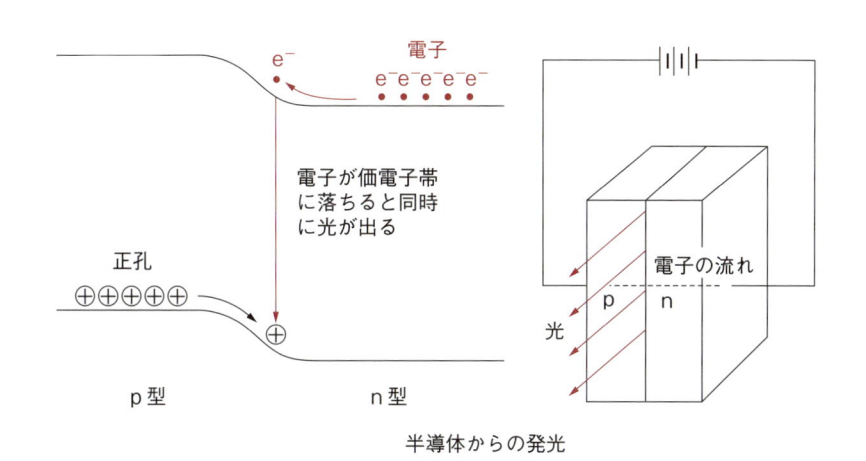

図 14·17　半導体の発光と発光ダイオードの原理

表 14・4　半導体の種類と発光ダイオードの色

	発光ダイオードの色
GaP	赤, 黄または緑
GaAs$_{1-x}$P$_x$	赤
GaN	青
GaAs	(赤外)

日本は，このような発光性半導体の研究では優れた成果を生んでいる．東北大学の西沢潤一は，ヒ化ガリウム GaAs を使って発光ダイオードの先駆的な研究を成し遂げ，徳島の中小化学会社である日亜化学で働いていた中村修二は，激しい国際的な競争の中で，それまで利用不可能と考えられていた窒化ガリウム GaN を使って，青色の光を出す発光ダイオードを作ることに成功した．中村の成功によって，**表 14・4** に示すような赤・青・黄 3 色の発光ダイオードがそろうことになり，発光ダイオードの応用は一気に広がった．

　前項でのケイ素についての計算と同様に，GaN のバンドギャップが，どのくらいの波長の光のエネルギーに相当しているかを計算してみよう．GaN のバンドギャップ 3.39 eV は 5.42×10^{-19} J である．よって $\varepsilon = hc/\lambda$ において，$\varepsilon = 5.42 \times 10^{-19}$ J とすれば $\lambda = 367 \times 10^{-9}$ m が得られる．すなわち，およそ波長 367 nm の光 (青色光) のエネルギーが相当することになる．

発光ダイオードの原理を使って，レーザーを作ることもできる．このようなレーザーが**半導体レーザー**である．レーザーポインターや CD プレーヤーなど，身の回りで使われているレーザーには半導体レーザーが多い．

　実際の発光ダイオードは，n 型と p 型と呼ばれる 2 種類の異なった半導体を接合した構造をしており，この接合部で発光するようになっている．2 つの半導体の伝導帯や価電子帯のエネルギーはそれぞれ異なり，このようにすると伝導帯の電子と価電子帯の正孔とが離れるので，熱になってしまうだけの無駄な再結合を減らすことができるのである．

薄型テレビの発光体として使われるようになった**有機 EL** も，ほぼ同じ原理で働いている．

　テレビはブラウン管を使った分厚いものが姿を消して，ほとんどが薄型にな

った．薄型テレビには，液晶，プラズマ，有機 EL などの方式があるが，最も有望なのが有機 EL なのだという．

EL は，エレクトロルミネッセンス（Electro-luminescence）の略称である．エレクトロルミネッセンスの材料として有機物質を用いるのが有機 EL というわけである．エレクトロルミネッセンスの原理は，発光ダイオードとほとんど同じである．

EL のデバイスは 3 層で構成されている．真ん中が発光層で，両側の層から正負の電気を注入する．正電気が注入されたということは，分子から電子が取り去られて，電子が足りない状態である（もちろんプラスに帯電している）．そこに陰極側から電子がくると電子が捉えられる．その電子は原子核の束縛を受けていない自由電子で，十分なエネルギーを持っているのでエネルギーの高い外側の軌道に収容される．このようにしてできる状態は励起状態なので，光を放出して基底状態に戻る．このとき出る光が EL 光である．

$$M^+ + e^- \longrightarrow M^*（励起状態）\longrightarrow M + h\nu$$

この原理から考えても，EL は薄膜にして働かせるのがよい（正負電気の動く距離が短いほうが効率的，電気の通る距離が小さいので電気伝導率はそれほど大きくなくてもよく，半導体の程度の有機物でよい）．有機 EL は本質的に薄型テレビに適しているといえる．発光ダイオードと同じく EL は照明にも有望である．

有機物質が柔軟で曲げに強く，溶媒に溶かしてインクにすれば細かな印刷ができることで，レーザープリンターと同じような技術で EL パネルの大画面の発光点を作り出すことができる．これは，半導体結晶ではできないことで，有機物質を使う利点である．

有機化合物が電気を通すことを初めて発見したのは日本の井口洋夫らで，1954 年のことである．その後，ポリアセチレンの超伝導（白川英樹）などが脚光を浴びたが，井口らの先駆的な研究は実用性を失っていない．

14・4・3 光記録

　レーザーが最も活躍しているのは，情報の記録と読み出しにおいてであろう．我々にとって身近なCDは，まさに光技術の中心となっている．では，このような光記録において，情報はどのようにして蓄えられ，どのようにして取り出されるのであろうか．

　情報の記録には，光によって起こる化学反応が利用される．すなわち，レーザー光によって物質を変化させ，光を通さなくしたり，色を変えたりする．このようにして記録された情報を読み出すには，レーザー光を走査して反射の様子を調べる．例えば，物質が変化していないところからは，光が反射して戻ってくるが，物質が変化し，黒くなったり色が変わったりしたところからは，光の反射が返ってこない．このような原理によって，情報の記録と読み出しが行われるのである．

　なお記録に対する性質の違いから，CDは読み出し専用のものと書き換え可能なものとに分けられる．読み出し専用のものでは，強いレーザー光によってディスク表面に塗られた色素を分解して，炭にしてしまうような化学反応が利用されることが多い．それに対して書き換え可能なものでは，記録のときとは逆の過程が可能な化学反応が利用される．このような逆の過程を起こすことのできる波長のレーザー光を当てることにより，記録されていた情報が消える．図 14・18 に，書き換え可能な CD の仕組みについてまとめた．

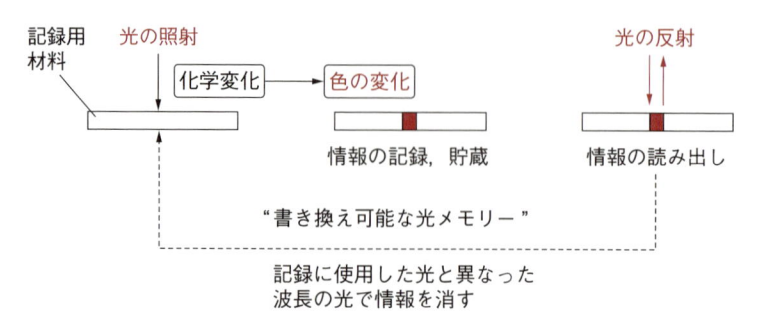

図 14・18　書き換え可能な CD の仕組み

第15章 材料の劣化

　モノを使う立場からいうと，**材料の劣化**は非常に大きな問題である．
　何回も繰り返して使用している間に材料に変化が現れ，取り返しのつかない事故が起こってしまうことがある．一方で，このような使用にともなわない，自然環境の中で起こってしまう劣化もある．いずれにしろ，劣化がどのように起こっているかを的確に判断し，適切な予防策を講じることが大切である．
　また，材料の劣化には物理的なものと化学的なものとがある．大部分の劣化は化学的なもので，材料が化学変化によって変質し，本来の特性を失うものである．それに対して，金属疲労などは化学変化が原因ではなく，物理的な劣化であるといえる．

15.1 使用による材料の劣化

　材料が"働く"とは，力，熱，電気，磁気，光などといった外部からの"働きかけ"に対して，材料が何らかの"働き"を返すということである．この"働きのやりとり"を通して，材料は外部からエネルギーを与えられ，そのエネルギーによって多かれ少なかれ壊れていく．このような，使用による材料の劣化としては，次のような例を挙げることができる．
　① **金属疲労**：金属材料に力を加えたり，加えた力を緩めたりして変形を繰

り返した結果，力学的強度が小さくなって引き起こされる破壊のこと．航空機や車両など，不規則に力が加わり，絶えず変形を繰り返している部位に起こる．金属疲労は，力学的エネルギーによる破壊である．
② **絶縁破壊**：高電圧の掛かるところに置かれた絶縁体の絶縁性が失われて突如，放電が起こる現象のこと．絶縁破壊は，電気エネルギーによる破壊である．
③ **光劣化**：レーザー光を当て，CD などを繰り返し再生した結果，生じる劣化．これは光エネルギーの，化学エネルギーへの転換によって起こる化学反応を原因とする劣化である．

原子力発電所の原子炉においても，材料の劣化は深刻な問題である．原子炉から放出されるガンマ線，アルファ線，電子線，中性子線などの放射線は光よりもエネルギーが高く，化学反応を起こしやすいので原子炉材料を劣化させてしまうのである．

不適切な材料の使用によるモノの劣化　適切な材料が使用されなかったことで生じたモノの劣化が問題になり，時折，新聞紙面を賑わせている．山陽新幹線の高架橋では，コンクリートに使われた砂が川砂ではなく海砂であったことで鉄筋コンクリートの劣化がはなはだしくなり，鉄筋がむき出しになって錆を生じていることなどが問題となっている．

15.2 自然環境の中で起こる材料の劣化

劣化は必ずしも，前節で述べたような使用にともなうものばかりではない．使用しなくても，自然環境の中で起こってしまう劣化もある．特に**有機材料**は，光と酸素のあるところでこのような劣化を生じやすい．また金属材料にとって，酸素は水とともに大敵である．

自然環境中での材料の劣化の起こりにくさ，あるいは起こりやすさを，材料の**耐候性**という．

酸素の存在は，材料の劣化において大きな問題となる．

　酸素分子は，いろいろな物質と化合する．このように化学変化を起こした物質は，元の物質とは性質が変わってしまい，例えば，ぼろぼろになってしまう．これは高分子化合物のような有機物質でも，金属のような無機物質でも共通に起こる現象である．ゴムなどは特に酸素と化合しやすく，しばらく放置しておいた輪ゴムが硬くなって，ぼろぼろになってしまうようなことは日常よく経験することであろう．ゴムほどではないが，一般の高分子化合物も劣化して硬く，脆くなってしまう．また鉄，銅，アルミニウムなどの金属でできた道具も酸素と化合し，錆びて使えなくなってしまう．

　このように酸素と化合することが劣化の原因の大部分であるが，しかし，酸素が存在するだけでは劣化はゆっくりとしか進まない．特に有機材料では，酸素に加えて光が存在することで劣化の促進が起こる．光エネルギーによって材料中の結合が切断され，それがきっかけとなって酸素と化合する反応が進行する．日なたに置かれた新聞紙が変色などを生じる経験から，光が当たるところで劣化が促進されることは容易に実感できるであろう．

　自然環境だけでなく，もちろん人間の活動が作り出す環境の変化も，材料の劣化に大きな影響を及ぼす．排気ガスの中に含まれている窒素酸化物，硫黄酸化物はそれ自体が生物にとって有害であるが，そればかりでなく，これらは雨に溶け**酸性雨**となって地上に戻り，材料の劣化を生じさせる．野外に置かれた銅像の青錆は，これをよく目に見える形で示している．その他にも，酸に弱い鉄，コンクリートなどの劣化が心配される．

第16章 材料の有害性と安全性

　現在くらい，モノの安全性について注意が向けられている時代はない．自動車などの製品だけでなく材料についても，安全性の面から厳しい目が向けられている．むしろ**材料の安全性**に対する要求は，製品に対するよりも厳しいのではあるまいか．

　近年，製造者の責任を明確にした法律も制定された．安全性の確認は廃棄段階にも及んでいる．

　こうした問題は行政，製造者，使用者である一般市民，廃棄物処理に携わる公共機関や業者が，一緒になって考えていかなければならないものである．行政や法律任せにしてはいけない．法律によって規制されていない危険な化学物質は無数にあるのである．安全にモノを利用するためには，一人一人の知識，それに基づいた他人への配慮のある，賢く，また誠実な行動が必要であろう．

16.1 製造者および使用者の安全と環境の保全

　安全性の問題は大きく3つに分けて考えなければならない．第一は，製造工程において，その物質に触れる作業員・製造者に対する安全性．第二は，製品を購入し使用する，使用者に対する安全性．そして第三は使用が済み，廃棄されたモノの環境に対する安全性である．

まず，第一の安全性について考えてみよう．製造に携わる作業者は，長期間にわたって大量で高濃度の有害物質に触れなければならないので深刻な問題となり，職業病として障害が現れることが多い．特に慢性毒性の場合，当初は有害物質の毒性が気づかれず，障害が現れた後で問題となることが多い．実際，これまでこのようなことは数多く起こってきた．奈良の大仏に金メッキを施したときは，たくさんの工人が水銀中毒にかかったであろうし（金メッキは，水銀に金を溶かして銅の表面に塗った後，加熱して水銀を飛ばすのである），染料工業では，原料のベンジジンを扱っている工員に，たくさんの膀胱ガンが発生した．アスベスト（石綿）による肺ガン中皮腫の発症は今も多くの被害を生んでいる．

　第二の，使用者に対する安全性も深刻な問題である．製造者と違って，使用者が触れる有害物質は少量ずつであるが，それでも，これが長期間にわたると重大な影響が現れる．例えばマーガリンの着色に使われたバターイエローという色素は，発ガン性があるというので使用禁止になっている．また学校給食のプラスチック食器に含まれていたビスフェノール A については"**環境ホルモン**"としての危険性が心配されている．

　第三の環境に対する安全性とは，有害物質による**環境汚染**の問題であって，これは現代が抱えた最も深刻な課題である．有機水銀による**水俣病**に始まり，排気ガスに含まれる窒素酸化物，ディーゼル車から排出される煤，ゴミ焼却場からの**ダイオキシン類**など，現在も未解決の問題である．人類や動物にとって直接には有害ではないが，**地球温暖化**の原因となる二酸化炭素やメタン，オゾン層を破壊する**フロン**なども大きな問題である．

> 　殺虫剤をはじめとする化学物質による環境破壊を警告して大きな反響を巻き起こしたのは，1962 年に出版されたレイチェル・カーソンの "Silent Spring" であった（邦訳は新潮文庫，青樹築一訳『沈黙の春』がある）．当時広く使われていた殺虫剤 DDT の使用禁止を，ケネディ大統領に決断させたのがこの本だったといわれる．

　法律による廃棄物の規制も厳しくなってきた．化学物質を扱う個人，大学，

研究所，工場などの機関は，排出する廃棄物について全ての責任を負わなければならないようになった．廃棄物処理業者に処理を依頼するにしても，その業者が法律に違反した場合には，その処理を依頼した者が責任をとらなければならない．

16・2 危険物の種類

危険性を持つものにはいろいろな種類がある．高温や低温，高電圧，強い光などといった物理的なもののほか，最も注意しなければならないものの1つとして化学物質がある．化学物質の示す危険性は多岐にわたっている．

また，放射線についても注意が必要である．この場合，身体の外部から来る放射線と，身体の内部から出る放射線とを考えなければならない．通常では，身体の中から放射線が出ることはないが，放射性物質が血液，筋肉，骨などをはじめ体内に入ってしまうと，身体は絶えず放射線を浴びていることになり，たとえ放射性物質が微量であっても危険性は大きい．

> 1999年から2000年にかけて起こったいくつかの放射能事件では，この視点が欠落している．モナザイトと呼ばれる鉱物に含まれるトリウムは，いったん体内に入ると排泄されない．トリウムの寿命は長く，このようなケースでは，一生放射線に曝されていなければならないことになる．

表16・1に，危険物についてまとめた．

16・3 危険物の見分け方

物質の種類はほとんど無限にあるし，毒性などは分子の構造がほんの少し異なっただけで大きく変わってしまう．したがって，危険物の一般的な見分け方はないといってもよい．そうはいっても，危険物を見分けるための着目点が全くないというわけではない．本節では，このような着目点について簡単にまとめる．

16・3 危険物の見分け方

表 16・1 危険物の種類

急性毒性物質	体内に取り込まれると,すぐに毒性が現れるもの.シアン化物(青酸化合物とも呼ばれる),亜ヒ酸,ダイオキシン類,フグ毒など
慢性毒性物質	長期間にわたって摂取したり,触れたりしたときに毒性が現れるもの.水銀化合物,鉛化合物など
爆発物	刺激を与えると,爆発することがあるもの.過塩素酸アンモニウム,2,4,6-トリニトロトルエン,ダイナマイト,硝酸アンモニウムなど
発火物	火を近づけなくても,温度の上昇により発火するもの.黄リン,トリエチルアルミニウムなど
引火物	火を近づけると,燃え出すもの.引火点は 30 ℃ 以下である.メタン,プロパン,ベンゼン,酢酸エチルなど
可燃物	火を近づけると,燃え出すもの.引火点は 30〜100 ℃ である.軽油,アニリンなど
強酸性物質	硫酸など
腐食性物質	皮膚や粘膜を冒す.アンモニア水,水酸化ナトリウム,過マンガン酸カリウムなど
放射線	原子炉から放出されるもののほか,病気の診断や空港の荷物検査などに利用されている X 線やガンマ線など

上で述べたように,毒性については分子の構造を見ただけではほとんど判断がつかない.構造のよく似たものでも,毒になったり,薬になったりするからである.これは,それだけ生体が精妙に作られているということだろう.

まず,爆発性を持つ物質の見分け方である.そもそも爆発とは,熱を発生して急激に大量の気体を発生する現象である.このときの気体としては窒素 N_2,二酸化炭素 CO_2,水蒸気 H_2O が問題になる.したがって分子の中に窒素 N,炭素 C,酸素 O,水素 H が,ちょうど N_2,CO_2,H_2O になるような割合で含まれる物質には爆発の危険性がある.爆発物として広く知られる 2,4,6-トリニトロトルエン,ダイナマイト,硝酸アンモニウムは図 16・1 の化学式に見るように,見事にこの条件を満たしている.

発火物は,酸素と反応しやすい物質である.すなわち,酸化状態の低い原子

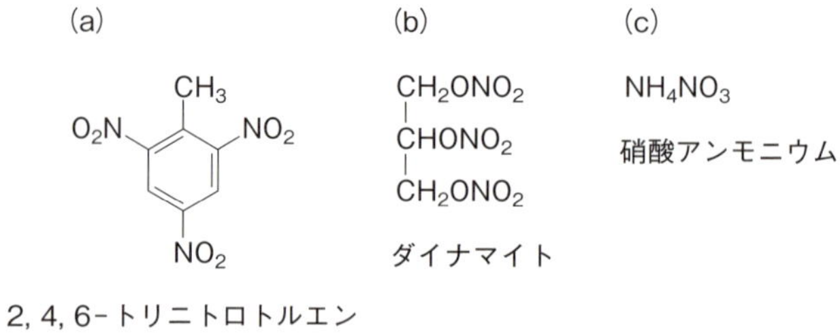

(a) 2,4,6-トリニトロトルエン（CH₃基、O₂N、NO₂、NO₂置換ベンゼン）

(b) ダイナマイト
CH₂ONO₂
|
CHONO₂
|
CH₂ONO₂

(c) NH₄NO₃
硝酸アンモニウム

図 16·1　代表的な爆発物

を持った化合物は，発火性を示す可能性がある．

可燃物と引火物も，酸素と反応しやすい物質である．炭素 C と水素 H からできている物質は酸素 O と反応して，二酸化炭素 CO_2 と水 H_2O を作る．炭素と水素を多く含み，揮発しやすい低分子量の物質は燃えやすい．

皮膚などを冒す危険があるのはアルカリ性物質である．酸も危険だが，人間にとってはアルカリの方が危険性が大きい．万一目に入ったりすると失明する．

16.4 安全性を確保するには

製造，使用，廃棄を通して，物質を安全に利用するためには，製造者にも一般市民にも，絶えざる勉強と安全への努力が求められる．

新しいモノを開発して市場に送り出すときには，製造者に，社会に対する責任（これを，**製造者の責任**という）が生まれる．たとえ成分表示があったとしても，購入したモノが危険かどうかを判断することは，一般市民には極めて難しい．そこで，製造者の責任を明確にした法律も制定され，この種の問題は新しい時代に入ってきた．

しかし，物質の種類はほとんど無限である．このため，法律は常に後追いにならざるを得ない．一般市民も常識の範囲で絶えず，使用しているモノの危険性と安全性を考え，判断していかなければならないだろう．

第17章 資源とリサイクル

　前章では，物質の利用における安全の問題を考えた．しかし我々は，安全の問題だけに止まっていることはできなくなっている．大量消費によって物質およびエネルギー資源が枯渇し，そのうえ物質の廃棄による環境破壊，エネルギーの放出による地球温暖化も大きな問題になっている．もっとも地球温暖化には，二酸化炭素による温室効果が原因とされるものもあるから，これについては物質の廃棄による環境破壊に分類されるべきであろう．

　省資源は，人類にとって当面の大きな課題である．

17.1 資源の量

　様々な物質を広く調べることによって，求める特性を持ったすばらしい素材が見つかったとしても，その実用化のためにはもう1つ関門がある．それは**資源**という面での問題である．

　実用化のためには，もちろん価格の問題もクリアしなければならない．

　いかに優れた機能を持った素材であっても，その地球上での存在量が少なくては実用にならない．また大量に存在していても，分離や精製などが困難であっては実用化は難しい．

　近年では，古くから利用されてきた石油，石炭，鉄などに加えて，"材料革

資源枯渇までの時間

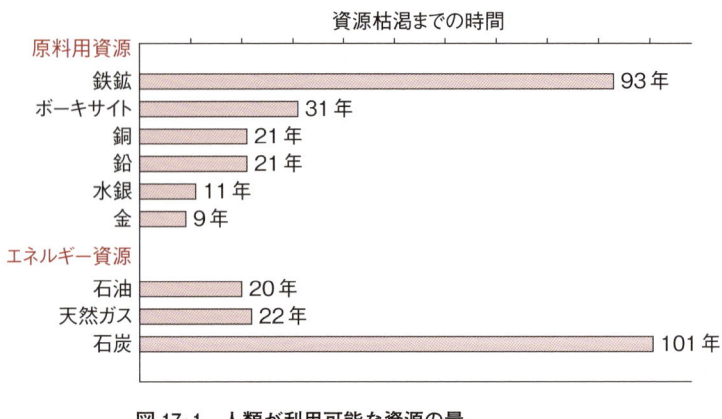

原料用資源
- 鉄鉱　93年
- ボーキサイト　31年
- 銅　21年
- 鉛　21年
- 水銀　11年
- 金　9年

エネルギー資源
- 石油　20年
- 天然ガス　22年
- 石炭　101年

図 17・1　人類が利用可能な資源の量
（1972 年に発表されたローマクラブの予想）

命"で脚光を浴びた希元素の消費も目立ってきた．その結果，ついに人類は，資源が"どこまで利用可能か"を考えなければならないところにまで至った．このような中，ローマ・クラブによって 1972 年に提出されたレポート『成長の限界』は大きな警鐘となった．

　希元素とは，地球上に存在している割合の少ない元素のことをいう．

　図 17・1 には今後，人類が利用可能な資源の量（ローマクラブによる予想）を示した．

　さて，資源の枯渇につれて人類は，それまで利用することのなかった"品位の低い"，すなわち含有量が低く，分離や精製のために多くの労力とエネルギーを使わなくてはならないようなものも，資源として利用しなければならなくなった．その一方で，これまで気づかれなかったような場所に，新たに資源が見つかることもある．深海底で発見されたメタンハイドレート（これは高圧下で，メタンと水とが弱く結合してできた固体である）は，その一例である．

　しかしメタンが地球温暖化に及ぼす影響は，二酸化炭素のそれよりも大きいといわれており（何しろ，牛のげっぷに含まれるメタンが問題になっているくらいである），もしも深海から引き上げられたメタンハイドレートの何分の 1

かでも大気中に漏れ出したとしたら，深刻な環境破壊が起こるであろうと懸念されている．

海底に存在するマンガン塊についても，引き上げによる同様な環境破壊が考えられる．このように，新しい資源を利用するときには，慎重な態度が必要である．

17.2 リサイクルによる資源の節約

まずリサイクルによってエネルギーがどれほど節約されるかを，アルミニウムを例に見てみよう．アルミニウムは"電力の塊"といわれるほど，製造に多くの電力を必要としている．

アルミニウム 1 kg を製造するためには，原料のボーキサイト 4 kg と 21 kWh の電力が必要である．このアルミニウム 1 kg からアルミニウム缶を作るには 0.6 kWh の電力を要する．ところでアルミニウム缶をアルミニウムにリサイクルするためには 0.6 kWh の電力でよい．したがって，およそ 20 kWh の電力の節約ということになる．つまりリサイクルによれば，ボーキサイトからアルミニウムを製造するときの 1/35 の電力で済むことになる．その他，原料の採掘や輸送などを考えると，エネルギーの節約にとって，リサイクルがどれほど重要であるかが分かるであろう．

さて 1991 年には，日本でもリサイクル法が公布され，リサイクルのために行政，事業者，消費者が果たすべき役割が定められた．金属缶には材料の表示が義務づけられ，またガラスや金属の分別収集が行われている．このような分別収集を完全に行うことによって，金属や無機物質のリサイクルは比較的容易に行うことができる．

これに対して，有機物質のリサイクルは難しい．リサイクルにとって，ただ 1 つの成分からできていて，混ざりものがない状態であることが重要であるのにもかかわらず，例えば高分子などは，1 種類だけで使われることが少なく，複雑な混合物である場合が多いからである．例外は"PET"とも呼ばれるポ

リエチレンテレフタレートで，これは"ペットボトル"などとして1種類のみで使われるのでリサイクルが可能である．また紙のリサイクルが容易なのも，セルロースという1種類の成分からできているからである．

　リサイクルには不向きな複雑な混合物でも，用途はある．例えば，生ゴミである．台所から出る生ゴミは，堆肥などにして園芸や農業に利用すべきであろう．将来，ゴミは資源になるべきである．

　ほかにも，昭和20年代までは糞尿は資源であり，価値のあるものであった．江戸時代には，江戸から外へ出る一番大きな"商品"は糞尿であったという．

第 2 部　総合問題

1. 金属，合金，高分子化合物，セラミックス，ガラスの力学的特性を比較せよ．ただし高分子化合物については，ゴムとその他の高分子化合物とを区別せよ．
2. 結晶状態にある炭酸カルシウム（すなわち，大理石），二酸化ケイ素（水晶），二酸化炭素（ドライアイス）の力学的特性を比較せよ．
3. 研磨剤に用いられる炭化ケイ素の結晶は，硬くて強い．このような性質は，何に由来するか．
4. ナトリウムに比べて，アルミニウムの弾性と引っ張り強度が高いのはなぜか．
5. 漆喰（炭酸カルシウム $CaCO_3$ が主成分である）に比べて，セメントの力学的強度が大きいのはなぜか．
6. ガラス繊維強化プラスチックは，ガラス繊維とプラスチックのどのような特性を生かし，また欠点を補っているか．
7. 高分子化合物，金属，セラミックス，ガラスの熱的特性を比較せよ．
8. 以下について，熱伝導性の良いモノと悪いモノとを選び出せ．
   ナトリウム，アルミニウム，銅，金，鉄，水銀，青銅，ダイヤモンド，ケイ素，スズ，水晶，氷，サファイア，パイレックスガラス，ポリエチレン，ナイロン，木材，石膏，紙，ゴム，コルク，磁器
9. 湯飲み茶碗が釉薬ばかりのガラス質でできていたら，どのような不都合が起こるか．
10. 普通の有機高分子樹脂に比べて，シリコン樹脂の耐熱性が高いのはなぜか．
11. 高分子化合物，金属，セラミックス，ガラスの電気的特性を比較せよ．
12. 以下を電気伝導に関して絶縁体，良導体，半導体に分類せよ．また，低温で超伝導体になるものはどれか．
    鉛筆の芯，琥珀，アルミ缶，ペットボトル，木材，花崗岩，石灰岩，水晶，液体窒素，固体の酸化鉄(II)，固体の酸化アルミニウム，固体の塩化ナトリウム，ベンゼン，トルエン，酸化チタン，硫化亜鉛，高温で融解した酸化アルミニウム，加熱して融解したショ糖，ヒ化ガリウム，硫黄，セレン，ヨウ素，スズ，ニッケル，白金，水銀，亜鉛，ケイ素，塩化ナトリウム水溶液，ヨウ素のベンゼン溶液，ショ糖水溶液
13. 以下において，電気伝導の担い手は何か．
    (a) 金属銅　　(b) 金属タングステン　　(c) 真鍮
    (d) 融解した塩化ナトリウム　　(e) 塩化ナトリウム水溶液
    (f) ケイ素単結晶

14. ヒ化ガリウム GaAs が半導体になるのは，なぜか．
15. 強誘電体を利用すると，コンデンサーを小さくすることができる．この理由を述べよ．
16. 次について，簡単に説明せよ．
    (a) 常磁性　　(b) 強磁性　　(c) 反磁性　　(d) 磁化
    (e) フェリ磁性　(f) MRI
17. 以下を，磁性を持つもの（すなわち常磁性体，または強磁性体）と，磁性を持たないもの（反磁性体）とに分類せよ．
    (a) 電子　　(b) 水素原子　　(c) ヘリウム原子　　(d) ケイ素原子
    (e) コバルト原子　(f) 水素分子　(g) ケイ素単結晶
    (h) シラン SiH_4　(i) 鉄の結晶
18. 次の各組の，磁性の大きさを比較せよ．
    (a) ニッケル原子とコバルト原子　　(b) 鉄原子 Fe と Fe^{2+}
    (c) Fe^{2+} と Fe^{3+}
19. ネオジム Nd が強力な永久磁石の材料となるのは，なぜか．
20. 次のそれぞれの系列のうちで，磁性（すなわち常磁性，または強磁性）を示すものを指摘せよ．またそれぞれについて磁性を示す理由，または磁性を示さない理由を述べよ．
    (a) 電子 → 炭素原子 → ダイヤモンド，グラファイト
    (b) 電子 → 鉄原子 → 鉄の結晶，酸化鉄，Fe^{2+}, $K_4[Fe(CN)_6]$
21. MRI による診断を受けるとき，鉄製品を身につけていてはいけないのは，なぜか．
22. プラスチック，ガラス，セラミックスにおける，光の透過について比較せよ．
23. 最近では，ガラスに代わってプラスチックを使ったレンズが普及してきた．このようなプラスチックレンズの長所と短所を述べよ．
24. 塩化ナトリウムを使って，レンズを作ることはできるか．理由と共に答えよ．
25. 真っ暗なところで，ろうそくを灯し手をかざしてみると，皮膚が透けて見える．これは，なぜか．
26. 屋根や壁に貼られる太陽電池には色がついている．この理由を述べよ．
27. 発光ダイオードの色は，どのようにして決まるか．
28. 普通のガラスは紫外線を透過しないが，赤外線は通す．赤外線を通すことは，どのようにして分かるか．また，温室にガラスが使われる理由を考えよ．
29. 以下について，どのような劣化が問題になるか．
    (a) 鉄筋コンクリート　　(b) レールや鉄橋に用いられている鉄

(c) 飛行機の機体に用いられている合金　　(d) 原子炉材料
　　(e) 絵画　　(f) ビニールハウス用シート　　(g) 碍子（がいし）
30. 以下に対しては，どのような危険性に注意しなければならないか．
　　(a) 硝酸アンモニウム　　(b) ベンゼン　　(c) トルエン
　　(d) カドミウム化合物　　(e) 水銀　　(f) シアン化ナトリウム
　　(g) ダイオキシン類　　(h) 過酸化水素　　(i) プロパン
　　(j) メタン　　(k) 液体窒素

練習問題の略解

● **第1章 モノを使いこなすとは** ●
1. 土器，石器，青銅器，鉄器，アルミニウム製のもの，強化ガラス製のものなどへと多様化していった．
2. 石器（瑪瑙などの貴石で作られたもの），ガラス器のほか，土器，陶器，磁器や，金属（金，銀，銅，鉄など）製のものなど，実に多様である．
3. パッケージが金属製から合成樹脂によるものに変わった．その他に，真空管（ガラス，金属など）はトランジスターへ，さらに集積回路（ケイ素単結晶）へと，コンデンサー（金属，雲母など）はチタコン（チタン酸バリウム）に，マンガン乾電池（炭素，亜鉛，二酸化マンガン，塩化アンモニウムなど）はリチウム電池（リチウム，ポリ(2-ビニルピリジン)-ヨウ素錯体，ヨウ化リチウム）に変わった．
4. テレビやパソコンの液晶，チタン合金，ゴルフ用品に利用されている炭素繊維，おもちゃに使われている形状記憶合金，紙おむつ，セラミックス製の刃物，光記録材料など．

● **第2章 物質構造の階層性と機能性** ●
1. 花崗岩は，いろいろな鉱物（岩石を構成する，均質な結晶物質のこと）の混合物である．顕微鏡で見るとよく分かるが，肉眼でも白い部分や色のついた部分，光った部分のあることが分かる．これら，花崗岩を構成する主な鉱物は次の通りである．石英 SiO_2．長石（カリ長石 $KAlSi_3O_8$ と曹長石 $NaAlSi_3O_8$）．雲母 $A_{1-x}B_{2\sim3}[(OH,F)_2X_4O_{10}]$（A は K, Na, Ca, Ba, NH_4 など．B は Al, Fe(III), Mg, Fe(II), Mn(II), Li, Zn, V(III), Cr(III), Ti など．X は Si, Al, Be, Fe(III) など）（この雲母が，光って見える部分である）．角セン石 $Ca_2A_4Al[(OH)_2/AlSi_7O_{22}]$（A は Fe(II) あるいは Mg）．このように，花崗岩にはいろいろな元素が含まれている．
2. 外壁としてガラスが，電極として金属（タングステン，銅など）が，また蛍光体として $Ca_{10}(PO_4)_6(F,Cl)_2$ などの基体に Sb^{3+}（青色に発光する），Mn^{2+}（橙色）などの蛍光物質を含ませたものが用いられている．その他に水銀（これは紫外線を放出する），また肉眼では見えないがアルゴンが，管に充填され使用されている．

練習問題の略解

● 第 3 章 電子のプロフィール ●

2. 電子 1 個の質量は 9.1×10^{-28} g，これが 6×10^{23} 個あるのだから，$9.1 \times 10^{-28} \times 6 \times 10^{23} = 5.5 \times 10^{-4}$ g である．また，次のように考えてもよい．電子の質量は水素の原子核の 1/1840，水素原子 1 mol の質量は 1.0 g．したがって電子 1 mol の質量は，$1.0 \div 1840 = 5.4 \times 10^{-4}$ g となる．概算なので 2 桁目は合わないが，両者は同じ結果を与える．

3. 1 mol の電子の電荷は 96500 C であり，これが 60 s 間で流れたので，流れた電流は $96500/60 = 1608$ A である．

4. 100 eV は，$100 \times 1.6 \times 10^{-19} = 1.6 \times 10^{-17}$ J である．よって $mv^2/2 = (9.1 \times 10^{-31}) \times v^2/2 = 1.6 \times 10^{-17}$ より，電子の速度 $v = 5.9 \times 10^6$ m/s である．

● 第 4 章 原子のプロフィール ●

2. 質量の面では，陽子の質量は電子の 1840 倍である．電荷の面では，陽子の電荷は電子とプラス，マイナスが反対で，絶対値が同じである．

3. $n = 1$ のときは $l = 0$ しか許されず，$l = 0$ に対しては $m = 0$ だけが可能である．結局，このような 1s 軌道に 2 個の電子が収容できる．$n = 2$ のときは $l = 0, 1$ が可能であり，$l = 0$ に対しては $m = 0$ だけが可能であり，一方，$l = 1$ に対しては $m = -1, 0, 1$ が可能である．結局，前者のような 2s 軌道に 2 個，後者のような 2p 軌道に 6 個，合計 8 個の電子が収容できる（$n = 3, 4$ については省略）．

4. p 軌道は $l = 1$ であり，$l = n-1 \geq 1$ の条件を満たすのは $n \geq 2$，したがって主量子数が 2 以上のときに p 軌道は存在する．同様に d 軌道は $l = 2$ であり，$l = n-1 \geq 2$ の条件を満たすのは $n \geq 3$，f 軌道は $l = 3$ で，$l = n-1 \geq 3$ より $n \geq 4$ である．

5. 一般に主量子数 n は 1 から始まっていくつになってもよいのだから，電子の軌道は無数にある．しかし水素原子の電子は 1 個だけだから，それを収めるための一番エネルギーの低い 1s 軌道だけに入っている．

6. 電子の軌道半径 r は，20 ページの式に示されるように，$r \propto n^2$ と主量子数 n の 2 乗に比例する．K 殻，L 殻，M 殻はそれぞれ n が 1, 2, 3 の場合に相当するから，互いの電子の軌道半径の比は，$1^2 : 2^2 : 3^2 = 1 : 4 : 9$ となる．

7. 電子のエネルギー E_n は，21 ページの式に示されるように $E_n \propto -1/n^2$ と主量子数 n の 2 乗に反比例する．K 殻，L 殻，M 殻はそれぞれ n が 1, 2, 3 の場合に相当するから，互いの電子のエネルギーの大きさの比は，$-1/1^2 : -1/2^2 : -1/3^2 = -1 : -1/4 : -1/9$ となる．なお E_n の絶対値に注目すると，n が大きくなると，E_n は限りなく 0 に近づく．$E_n = 0$ は電子が遊離した状態であり，こ

のような状態の付近には，無数の電子の軌道が存在する．

8. 0.2 L の水は約 200 g である．1 mol の水は 18 g で，6×10^{23} 個の水分子を含むから，0.2 L の水には $(200/18) \times 6 \times 10^{23} = 6.7 \times 10^{24}$ 個の水分子が含まれる．世界中の海水 1.4×10^9 km^3 は 1.4×10^{21} L であるから，0.2 L の水の，世界中の海水に対する割合は $0.2/(1.4 \times 10^{21}) = 1.4 \times 10^{-22}$ となる．したがって，この中に含まれる印を付けた水分子の数は，$6.7 \times 10^{24} \times 1.4 \times 10^{-22} = 9.4 \times 10^2$ 個，すなわち約 1000 個もの印付きの水分子が入っていることになる．原子・分子がいかに小さいか，またいかに数が多いかを実感できるであろう．

● 第 5 章 元素の周期律 ●

2. (a) $(1s)^2 (2s)^1$ (b) $(1s)^2 (2s)^2 (2p)^4$
   (c) $(1s)^2 (2s)^2 (2p)^6 (3s)^2 (3p)^6 (3d)^2 (4s)^2$
   (d) $(1s)^2 (2s)^2 (2p)^6 (3s)^2 (3p)^6 (3d)^7 (4s)^2$
   (e) $(1s)^2 (2s)^2 (2p)^6 (3s)^2 (3p)^2$

3. (a) $(1s)^2$ (b) $(1s)^2 (2s)^2 (2p)^6$
   (c) $(1s)^2 (2s)^2 (2p)^6 (3s)^2 (3p)^6$
   (d) $(1s)^2 (2s)^2 (2p)^6 (3s)^2 (3p)^6 (3d)^7$
   (e) $(1s)^2 (2s)^2 (2p)^6 (3s)^2 (3p)^6 (3d)^6$

4. 遷移元素において，問題の s 軌道と d 軌道の間のエネルギー差は微妙に変化して，電子の詰まる順序が変化する．表紙見返しの周期表を見て確かめよ．

5. (a) Li (1.52 Å) > Be (1.11 Å) > B (0.81 Å) > C (0.77 Å) > N (0.74 Å) ～ O (0.74 Å)．ここでカッコ内は原子半径の値であり，1 Å = 10^{-10} m である．本文中でも述べたように，最外殻の電子を引きつける原子核の有効プラス電荷は，原子核のプラス電荷から内殻の電子のマイナス電荷による遮蔽の効果を差し引いたものである．同じ周期の元素では，周期表の位置が右にいくにつれて有効プラス電荷が増し，原子核と最外殻電子の距離が小さくなって原子半径が減少する．
   (b) K (2.31 Å) > Na (1.86 Å) > Li (1.52 Å)．同じ族の元素では，原子核の有効プラス電荷は等しく，内殻が厚いほど原子半径が増す．
   (c) Ge (1.23 Å) > Si (1.17 Å) > C (0.77 Å)．(b) と同じ理由による．

6. (a) F (4.0) > O (3.5) > N (3.0) > C (2.5) > B (2.0) > Be (1.5) > Li (1.0)．ここでカッコ内は，電気陰性度の値である．最外殻の電子を引きつける原子核の有効プラス電荷は，原子核のプラス電荷から内殻の電子のマイナス電荷による遮蔽の効果を差し引いたものである．同じ周期の元素では，周期表の位置が右にいくにつれて有効プラス電荷が増し，電子を引きつける力が大きく

なって電気陰性度が増す.
(b) Cl (3.0) > S (2.5) > P (2.1) > Si (1.8) > Al (1.5) > Mg (1.2) > Na (0.9). (a) と同じ理由による.
(c) Li (1.0) > Na (0.9) > K (0.8). 最外殻電子の数, および原子核の有効プラス電荷は各原子で等しい. 原子核との距離が小さいほど電子は強く束縛され, 失われにくい. すなわち電気陰性度が大きくなる.
(d) F (4.0) > Cl (3.0) > Br (2.8) > I (2.5). (c) と同じ理由による.

7. Na の一番外側の 3s 軌道の電子が失われてできるのが Na^+ なので, Na^+ の半径の方が小さくなる. 実際には, Na (1.86 Å) > Na^+ (1.16 Å).

また, Cl に電子が1個付け加わってできるのが Cl^- で, 最外殻電子の数が増えて原子核との反発が増し, このため軌道が膨れて半径が大きくなる. 実際には, Cl^- (1.67 Å) > Cl (0.99 Å). K^+, Cl^- は電子配置が等しい (Ar と同じ電子配置になっている). しかし K^+ の方が原子核のプラス電荷が大きく, 電子を引きつける力が強い. したがって, K^+ の半径の方が小さい. 実際には, Cl^- (1.67 Å) > K^+ (1.52 Å).

● 第6章　原子の機能性 ●

2. 気体分子なので, 質量が小さいほど熱伝導率が高くなる. ここでは質量の代わりに分子量, 単原子分子の場合には原子量を考えて, 以下のようになる. H_2 (2) > Ne (20) > N_2 (28) > O_2 (32) > Ar (39) > CO_2 (44) > O_3 (48). ここでカッコ内は, おおよその分子量または原子量である. 厳密には, 同位体を区別して考えなければならない.

3. いずれも遷移元素である. 問題となる s 軌道と d 軌道の間のエネルギー差は微妙に変化して, そのため電子の詰まる順序が変化する. 見返しの周期表を見て確かめよ.
(a) 5個の 3d 軌道に, 6個の電子をフント則にしたがって詰めると, 4個の電子が不対電子になる.
(b) Fe は, 4s 軌道の電子2個を失って Fe^{2+} になる. したがって Fe と同じように 3d 軌道に6個の電子がある. したがって, 不対電子は4個である.
(c) Fe は, 4s 軌道の電子2個と 3d 軌道の電子1個とを失って Fe^{3+} になる. したがって 3d 軌道の電子は5個, 不対電子も5個である ((d) 以下は表紙見返しの周期表を見よ).

4. これは, 希ガスの原子からの光の放出という現象である. 原子中の電子は, 放電によって生じた電子からエネルギーを与えられ, エネルギーの低い内側の軌道からエネルギーの高い外側の軌道へとたたき上げられる. やがて, この外側

の軌道の電子が元の内側の軌道に戻る．このとき，この2つの軌道のエネルギー差に相当するエネルギーを光として放出する．軌道のエネルギーは原子の種類によって異なるので，放出される光のエネルギーが異なる．したがって希ガスの種類によって，放出される光の色が異なることになる．逆にいえば，この色は元素に特有で，ヘリウムは青色，ネオンは赤色，アルゴンは紫色，キセノンは白色の光を放出する．

なお外側の軌道が関係する場合は，このような軌道がいくつもあるので，複数の色の光が混ざることになる．

第7章 結合のいろいろ

2. 互いに電子を引きつける力の大きさに差の少ない原子の間では，共有結合あるいは金属結合が生じる．もちろん同種の原子の間では，この力の大きさに差がないから，共有結合，金属結合ができやすい．一方，この力の差が大きい原子の間ではイオン結合が生じる．このような原子どうしは，周期表上で互いに離れた位置にある．

   (a) 共有結合　(b) イオン結合　(c) 共有結合　(d) 金属結合
   (e) 共有結合　(f) 共有結合　(g) 共有結合，$C^{\delta+}-Cl^{\delta-}$ と分極している
   (h) イオン結合　(i) 金属結合

3. パイ結合は原子間距離が長いと，電子の軌道の重なり合いが小さくなるのでできにくくなる．一方，シグマ結合については弱くはなるものの，原子間距離が長くなっても結合は生じる．このようなことから，Cより原子半径の大きいSiはパイ結合を作ることができず，シグマ結合だけで原子を結びつけようとする．

4. 同じ族の元素どうしからなる分子では，結合距離が短いほど，共有結合は強い．
   (a) Cl−Cl ＞ Br−Br　(b) C−C ＞ Ge−Ge

5. これらの分子の中心にある酸素原子は，2個のp軌道を使って他の原子と結合している．2つのp軌道は直交しているので，分子は酸素のところで折れ曲がった構造になる．ただし両側にある原子や，原子の一団どうしとのぶつかり合いを避けるために，角度は90°より大きくなっている．

6. 周期表を見るとGaとAsは，Geを挟んで位置している．すなわちGaの最外殻電子は3個，Asの最外殻電子は5個である．そこでAsからGaへ電子を1個移すと，AsもGaも4個の最外殻電子を持ち，Geと同じ電子配置になる．この状態で共有結合ができるので，GaAsの結合状態はGeに似たものとなる．

7. C−C (1.535 Å) ＞ C=C (1.339 Å) ＞ C≡C (1.203 Å)．ここでカッコ内は原子間距離である．パイ結合はシグマ結合より弱いが，それでも原子を引き寄せ，原子間距離を小さくする．

8. (a) H の s 軌道と C の sp³ 混成軌道を使ったシグマ結合.
   (b) 両側の C の sp³ 混成軌道を使ったシグマ結合.
   (c) H−CH は, H の s 軌道と C の sp² 混成軌道を使ったシグマ結合. CH=CH₂ は, 1 つが両側の C の sp² 混成軌道を使ったシグマ結合. もう 1 つが両側の C の p 軌道を使ったパイ結合.
   (d) H−C は, H の s 軌道と C の sp 混成軌道を使ったシグマ結合. C≡CH は, 1 つが両側の C の sp 混成軌道を使ったシグマ結合. 他の 2 つが両側の C の p 軌道を使ったパイ結合.
   (e) 1 つが C の sp² 混成軌道と O の p 軌道を使ったシグマ結合. もう 1 つが C の p 軌道と O の p 軌道を使ったパイ結合.
   (f) 両側の Cl の p 軌道を使ったシグマ結合.
9. N≡N の結合の 1 つはシグマ結合で, これは強い. 残りの 2 つはパイ結合で, これは弱い. H との反応では弱いパイ結合が切れ, NH₂−NH₂ までは反応が進みやすいが, 強いシグマ結合は切れにくいので, 反応は NH₃ までは進みにくい.

● 第 8 章　結合が作りだすもの ●

3. 周期表を同族で下にたどっていくと, 外殻電子と原子核との距離が大きくなり, 原子核が電子を引きつける力が弱くなるから. スズは微妙な位置にあって, 金属と非金属の両方の状態をとる. 具体的には, 13.5 ℃ 以上では立方晶系で, ダイヤモンドと同じ構造の α スズが安定である. これは絶縁体で, 結合距離は 2.80 Å である. また 13.5 ℃ 以下では正方晶系の β スズが安定である. これは金属状で, 結合距離は 3.02 Å である. また, 普通に作られたスズを低温に置いておくと結晶形が変わるため, あるとき急に変形して割れることがある. これがスズペストと呼ばれている現象である.
4. (a) Na の方が力学的強度が小さい. 金属結合を共有結合の一種としてとらえると, 結合距離の長い Na の方が結合が弱く, 切れやすいことになる.
   (b) Na の方が力学的強度が小さい. 金属結合にあずかる電子の数は, Na 原子では 1 個, Mg 原子では 2 個である. したがって Mg の方が共有結合性が大きく, 大きな力学的強度が現れることになる.
   (c) ゲルマニウムの方が力学的強度が小さい. 結合距離の長いゲルマニウムの方が結合が弱く, 切れやすいことになる.
5. 両者において, 熱伝導のメカニズムは異なっている. アルミニウムでは, 金属結合においてたくさんの原子の間を動き回る自由電子が熱伝導を担っている. 一方, 酸化アルミニウムでは原子の振動が熱伝導を担っている. すなわち振幅

の大きな振動が原子の間を伝わっていくことによって，熱が伝わるということになる．

6. アルミニウムでは，金属結合において動きやすい自由電子が電気伝導を担っている．このため，よく電気を伝えることができる．一方の酸化アルミニウムでは，共有結合にあずかる電子は原子間に局在し，自由に動くことができない．このため電気伝導性を示さず，絶縁体になる．

7. 結合を作ることによって，電子の軌道が変化する．物質の色は，このような軌道の間を電子が移動することによって生じることが多い．このような軌道の間のエネルギー差が物質の色を決めるが，これは結合の状態によって変化する．このため同じ元素からできていても，物質は様々な色を示す．

● 第9章 気体，液体，固体，液体と固体のあいだ ●

2. 石英ガラスは，水晶の細かい結晶を融かして固めたもので，原子配列に規則性がない．また細い繊維に引くことができ，水晶よりしなやかである．熱伝導率は水晶よりやや小さく（水晶の 1/10 くらい），ほぼ同じ光学的特性を示す．

3. 水は 0 ℃で氷になり，体積が少し増える．また 100 ℃で水蒸気になり，体積が著しく増える．なお一般の物質では水と異なり，固体になると体積が小さくなる．

4. いずれも炭化水素であるが，ガソリン，灯油，重油となるにつれて分子量が大きくなり，分子が長くなる．分子が長くなると，分子どうしの接触面積が大きくなって引力が増大し，分子が離れにくくなる．これは，粘度が高くなることに相当する．

5. 利用される液晶の量は，$0.1 \times 5 \times 10^{-6} = 5 \times 10^{-7}\,\mathrm{m}^3 = 5 \times 10^{-1}\,\mathrm{cm}^3$．すなわち，$5 \times 10^{-1}\,\mathrm{g}$ である．よって液晶の価格は $5 \times 10^{-1} \times 1000$ より，500円となる．グラム当たりで考えると液晶材料は高価であるが，使う量が少ないので液晶ディスプレイ1つ当たりの材料コストは大したことがない．実際には，液晶は溶液にして用いられるので，さらに安くなる．

● 第10章 高分子化合物 ●

2. 炭素数1のメタン CH_4 は室温で気体であり，炭素数6のヘキサン $CH_3(CH_2)_4CH_3$ は室温で液体である．メタンは小さいため分子どうしの接触面積が小さく，分子間の引力が弱い．そのため凝集しにくく，室温では気体になる．ヘキサンくらいの大きさになると分子どうしの接触面積が大きくなり，分子間の引力によって凝集し，室温で液体になる．ポリエチレンもこれと同様であるが，分子間の引力が強いため流動性がなくなり，ガラス状態になる．

3. ろうそくに用いられているろうには，植物から採られるものと石油から採られ

るものとの2種類がある．石油から採られるのがパラフィンろうであり，これは炭素数が18から30の炭化水素 $CH_3(CH_2)_nCH_3$ である．この程度の大きさの分子は，分子がある程度そろって結晶に近い構造になるが，分子の長さが短いので力学的強度は小さい．また構造に隙間や乱れの多いポリエチレンに比べて，しなやかさもない．なお，植物ろうは長鎖の1価カルボン酸と長鎖の1価アルコールとのエステルである．

4. シリコン樹脂は，石英とポリエチレンの中間の構造を持っている．図Aに示すように，主鎖は石英の構造（ただし直線状である）をし，側鎖は有機化合物の構成要素であるアルキル基，アリール基（図ではRで表されている）か
らできている．このため石英と同様の高い力学的強度と耐熱性を備える一方で，有機化合物との親和性をも併せ持っている．

図A

● 第11章　セラミックスとセメント，合金 ●

1. 単結晶は無色透明，微結晶は結晶内部で光が乱反射されるため不透明に見える．微結晶でも力学的強度は大きく，研磨剤に使われる．融点が SiO_2 よりも高いので焼結しにくいが，ニューセラミックスとして利用が高まっている．
2. ガラスはいったん全体が融けて均一になるが，セラミックスは全体が融解することがない．このためセラミックスでは，粒度や粒どうしの接着の状態が性質に反映する．
3. 酸化カルシウムはイオン結合からなり，二酸化ケイ素の結合は共有結合性が高い．
4. 以下の表にまとめる．

	アルミニウム	酸化アルミニウム
結合	金属結合	共有結合
物性		
力学特性	軟らかい	硬い
電気特性	良導体	絶縁体
熱特性	熱をよく伝える	熱をよく伝える
	（金属結合の電子による）	（原子間の振動を通して）
磁気特性	どちらも磁性なし	
光特性	光を反射	光を透過

● 第12章　天然物材料 ●

2. (a) C, H, O　　(b) Ca, C, O　　(c) Si, Al, O, K, Na, Fe
　(d) C, H, N, O, S

4. 絹とナイロンとは，共にアミド結合－CO－NH－を持つ点で類似の構造をしている．一方でナイロンは－CH$_2$－の鎖を持ち，絹のタンパク質はいろいろな特性基を持つ．この構造の違いが，ナイロンは染めにくいとか汗を吸い取りにくいなどといった，絹との性質の違いを生む．

● 第13章　材料の複合化 ●

1. (b) 竹は全体の構造を決め，わらは土を結びつける．土は断熱や耐火に効果を発揮する．
   (c) アスファルトは柔軟性や，疲れないで歩くことができるなどといった足に対して好ましい感触を与える．砂利は硬くて丈夫なので舗装の形を保ち，また表面が擦り減らないようにする．さらに場合によっては，雨水を通すといった機能を付与する．
   (d) 下地に使われる木材は軽く，細工が容易である．また熱を伝えにくく安価である．しかし，汚れやすいという欠点がある．一方の漆は水などが染み込まず汚れにくく，100℃くらいまでは安定である．しかし高価で，細工に手間がかかるという欠点がある．
   (e) グラファイトからなる芯は，物を書くことができるが折れやすく，周囲の木材は，この折れやすい芯を支える働きをしている．
   (f) フェライトは脆く，丈夫な薄膜を作ることができない．そこで丈夫な薄膜にすることのできる有機高分子化合物のフィルムの上にフェライトを塗布している．
2. タイヤはゴムと，炭素繊維や天然繊維などといった繊維が幾層にも積み重なってできている．ゴムは弾性を持ち，衝撃を弱める働きがある．一方の繊維には，力学的強度を保つ働きがある．

● 第2部　総合問題 ●

2. 大理石は Ca^{2+}，CO_3^{2-} の陽イオンと陰イオンからなるイオン結晶である．したがって変形しにくく，引っ張りや押しに対して強いが，曲げに対しては比較的弱い．水晶は共有結合性の強い結合からなる結晶で，変形を生じにくい．ドライアイスは CO_2 の分子が弱い静電引力で結びついた分子結晶で，力学的強度は小さい．8・3・1項も参照のこと．
3. 炭化ケイ素はSiCの組成を持つ．すなわち，ダイヤモンドのCの半数がSiに置き換わり，ダイヤモンドとよく似た結合によって結晶を作っている．このため硬く，強い．
4. 金属結合にあずかる電子の数は，ナトリウム原子では1個，アルミニウム原子

練習問題の略解　　　197

では 3 個である．金属結合を共有結合の一種としてとらえると，数多くの電子が結合にあずかるアルミニウムの方が結合が強いことがわかる．このような理由で，ナトリウムよりも大きな力学的強度が発現する．

5. 漆喰は Ca^{2+} と CO_3^{2-} とがイオン結合で結びついてできている．一方，セメントの構造は複雑であるが，$-Si-O-Si-$，$-Si-O-Al-O-$ のような強い共有結合性の結合で結びつけられている．このため，セメントの方が力学的強度が大きい．

6. 引っ張りの力に強いガラス繊維によって，引っ張りに弱いプラスチックの欠点を補っている．

8. 以下に示す．ただし，カッコ内の値は 0 ℃ から室温の範囲での熱伝導率．単位は W/(m·K)．
   熱伝導性の良いモノ：ナトリウム (142)，アルミニウム (236)，銅 (403)，金 (319)，鉄 (50)，青銅 (53)，ダイヤモンド (3010)，ケイ素 (168)，スズ (68)，サファイア (450)
   中程度の熱伝導性を持つモノ：水銀 (7.8)，水晶 (9.3)，氷 (2.2)，パイレックスガラス (1.1)，磁器 (1.5)
   熱伝導性の悪いモノ：ポリエチレン (0.3)，ナイロン (0.27)，木材 (0.15)，石膏 (0.13)，紙 (0.06)，ゴム (0.2)，コルク (0.05)

9. ガラスのコップで熱いお茶を飲むときと同じようなことが起こってしまう．実際の湯飲み茶碗では，素焼きのセラミックス部分に含まれる空気が熱の伝わりを妨げ，熱さが手に伝わりにくくなっている．

10. 195 ページの図 A に示したように，シリコン樹脂は $-Si-O-Si-O-$ という骨格を持っている．この構造は石英のもので，したがってシリコン樹脂は，石英と同様の高い耐熱性を備える．それとともに Si についたアルキル基が有機化合物のような柔軟さを作りだす．

12. **絶縁体**：琥珀，ペットボトル，木材，花崗岩，石灰岩，水晶，液体窒素，固体の酸化鉄 (II)，固体の酸化アルミニウム，固体の塩化ナトリウム，ベンゼン，トルエン，加熱して融解したショ糖，硫黄，ヨウ素，ヨウ素のベンゼン溶液，ショ糖水溶液
    良導体：鉛筆の芯，アルミ缶，高温で融解した酸化アルミニウム，スズ，ニッケル，白金，水銀，亜鉛，塩化ナトリウム水溶液
    半導体：酸化チタン，硫化亜鉛，ヒ化ガリウム，セレン，ケイ素

13. (a) 電子　　(b) 電子　　(c) 電子　　(d) ナトリウムイオンと塩化物イオン　　(e) 主としてナトリウムイオンと塩化物イオン．他に水素イオン H^+ と水酸化物イオン OH^- も関与する可能性がある　　(f) 電子と正孔

15. コンデンサーの静電容量は，電極間の物質の比誘電率と電極の面積に比例する．したがって，電極間に比誘電率の大きな強誘電体のような物質を満たせば，同じ静電容量を得るためには，電極の面積は小さくてよい．つまり，コンデンサーを小さくすることができる．

17. 磁性を持つもの：(a) (b) (d) (e) (i)．磁性を持たないもの：(c) (f) (g) (h)．

18. それぞれについて，不対電子の数を比較すればよい．
    (a) ニッケル原子 ＜ コバルト原子　　(b) 鉄原子 Fe ＝ Fe^{2+}
    (c) Fe^{2+} ＜ Fe^{3+}

19. Nd は原子の状態で 4 個の不対電子を持ち，大きな磁性を持っているから．

20. 磁性を示すものを挙げる．
    (a) 電子，炭素原子　　(b) 電子，鉄原子，鉄の結晶，酸化鉄，Fe^{2+}

21. MRI の測定の対象となる ^1H の磁性が，鉄に比べてはるかに小さいから．強い磁性を示すものがあると，弱い磁性の測定は難しくなる．

22. セラミックスは微結晶の集合で内部に境界面があり，入射した光はそこで乱反射される．このため光は透過しない．一方のプラスチックとガラスは内部が均一で境界面がないので，入射した光は一直線に透過する．

23. 長所としては割れにくいこと，型押しによって作ることができるため，安価であることなどが挙げられる．短所としては表面に傷が付きやすいこと．なおレンズの材料としては透明なだけでなく，屈折率の高いことが必要である．その他，傷が付きにくいことも求められる．有機高分子化合物でこの条件を満たすものは少ないが，それでもポリカーボネートなどはこの条件を満たし，実用になっている．

24. 単結晶を使えば，レンズを作ることは可能である．しかし湿気のあるところでは溶けて曇ってしまい，実用にはならない．

25. 人間の皮膚は波長の短い青色や緑色の光は通しにくいが，波長の長い赤色の光はいくらか透過させるから．

26. 太陽光のエネルギーを電気エネルギーに変換するためには，太陽光の全部または一部が太陽電池に吸収されなければならない．このとき吸収された光の色の補色が反射するため，色がついて見える．

27. 発光ダイオードの色は，材料の半導体のバンドギャップによって決まる．

28. ガラス戸の部屋で日光に当たると暖かい．これは，ガラスが赤外線を透過させるからである．一方，ガラスが紫外線を通さないことは実感しにくいが，日光に曝された新聞紙の劣化をガラスによって防ぐことができることなどから知ることができるであろう．また，植物の光合成には紫外線は不要で（必要なのは

赤い色の光である．これは植物の葉が，赤色の補色である緑色をしていることからも分かる），最初に述べたように赤外線を透過して内部を暖かくすることができるので，温室にはガラスが用いられる．

29．(a) 酸性の雰囲気でセメントも鉄も劣化する．また表面からだけでなく，ひび割れからの酸性物質の侵入についても注意が必要である．
(b) 金属疲労や錆が生じる．
(c) 金属疲労が生じる．
(d) 放射線によって格子欠陥が生じ，脆くなる．
(e) 酸素と光が存在することによって絵の具が退色したり，キャンバスが劣化したりする．
(f) 太陽光でぼろぼろになる．
(g) 絶縁破壊が生じる．

30．(a) 爆発性　(b) 毒性，可燃性　(c) 毒性，可燃性．この毒性は"シンナー中毒"として知られている　(d) 毒性．この毒性がイタイイタイ病の原因となった　(e) 毒性．この毒性が水俣病の原因となった　(f) 毒性　(g) 毒性　(h) 爆発性，酸化性　(i) 引火性，爆発性　(j) 引火性，爆発性．窒息も引き起こす　(k) 凍傷を引き起こす．また窒息の原因ともなる

まとめの表　物質の機能を使いこなすために

	典型金属の単体
例	ナトリウム (Na), カリウム (K), マグネシウム (Mg), カルシウム (Ca), アルミニウム (Al), ガリウム (Ga), 鉛 (Pb), 亜鉛 (Zn), カドミウム (Cd), 水銀 (Hg) など
結合	金属結合
集合状態	一般に固体（金属結合でできた結晶）. Hg, Ga は液体.
溶解度	
熱的特性	遷移金属の単体に比べて融点が低い. 一般に熱の良導体. 熱伝導は金属結合の電子によって行われる.
力学的特性	遷移金属に比べて軟らかく，変形しやすい（可塑性）. また，弾性（引っ張り，曲げに対する）が小さい. Al は軽くて，弾性が高く構造材料として優れている.
電気的特性	一般に電気の良導体（金属結合の特性）. Hg は極低温で超伝導性.
磁気的特性	一般に反磁性. d, f 軌道に電子が入っていないか，あるいは定員一杯に入っていて不対電子がない. 外殻電子は結合に使われ，対になっている.
光学的特性	結晶は光を反射（金属光沢）. 光学レンズの上に蒸着して鏡面を作る (Al, Hg). それぞれの元素に特有の発光（炎色反応）.
耐(久)性	第 1, 2 属元素は反応性が高く，空気中，水中で変化する. その他の元素も空気中で劣化する. Al は表面に薄い酸化物の層（不動態）ができて劣化が進まない.
有害性	Pb, Cd, Hg, タリウム (Tl) などは極めて有毒. 廃棄のときは分別して集め，それぞれに応じた処理（再生を含めて）をする.
リサイクル (再利用) の可能性	分別して収集すればリサイクルでき (Al など), これによって，資源とエネルギーの節約ができる.

遷移金属の単体	合金 (金属間化合物を含めて)
鉄 (Fe), コバルト (Co), ニッケル (Ni), 銅 (Cu), チタン (Ti), タングステン (W), 銀 (Ag), 金 (Au), 白金 (Pt), ランタノイド元素 (La, Nd, Eu) など	青銅 (Cu 90, Sn 10), 真鍮 (Cu 70, Zn 30), 鋼 (Fe 99, C 0.8, Mn 0.3), ステンレス鋼 (Cr などと Fe の合金), 超々ジュラルミン (Al 87.8, Cu 2, Zn 8, Mg 1.5, Mn 0.5, Cr 0.2), チタン合金 (Ti 90, Al 6, V 4)
金属結合	金属結合
固体 (結晶)	固体 (結晶)
典型金属の単体に比べて融点が高い. 一般に熱の良導体. 熱伝導は金属結合の電子によって行われる.	組み合わせる金属の種類によって性質が様々に変わる. 例えば, ハンダ合金 (Pb-Sn) は融点が低い. 一般に熱の良導体.
弾性 (引っ張り, 曲げに対する), 引っ張り強度ともに大きいものが多い (鉄は構造材料として最も重要).	組み合わせる金属の種類によって性質が様々に変わる. ジュラルミン, チタン合金は軽くて強度も高いので, 航空機の材料として用いられる.
一般に電気の良導体 (金属結合の電子による).	一般に電気の良導体 (金属結合の電子による). 低温で超伝導を示すものもある (Nb-Ti, Nb$_3$Ge, V$_3$Ga など).
磁性を持つものが多い. d, f 軌道に不対電子を持つので, 原子は常磁性. 原子の集合の仕方によって, 反強磁性になったり強磁性になったりする.	適当な割合の合金を作ると強い永久磁石を作ることができる. 例:KS 鋼 (Fe-Cr-Co-W), MK 鋼 (Fe-Ni-Al). 以上は本多光太郎創製. アルニコ合金 (Fe-Ni-Al-Ti), ネオジム磁石 (Fe$_{14}$Nd$_2$B 日本で作られた世界最強の永久磁石).
光を反射する (金属光沢). Au, Cu など特有の色を持つものもある.	光を反射する (金属光沢). 青銅, 黄銅など特有の色を持つものもある.
Au, Pt などは腐食に強いが, 最もよく用いられる Fe は酸素, 水に弱い. 何回も変形を繰り返すと, 金属疲労による破壊が問題になる.	金属の組み合わせによって, 腐食や, 疲労に強い材料を作ることができる (ステンレス鋼).
Cr, Mn など毒性の高いものが多い. しかし極微量は生命に必要であることも多い. 廃棄のときは分別して集め, それぞれに応じた処理 (再生を含めて) をする.	成分に毒性の高い金属を含むものには注意する必要がある.
分別して収集すればリサイクルでき, これによって, 資源とエネルギーの節約ができる.	分別して収集すればリサイクルでき, これによって, 資源とエネルギーの節約ができる.

	金属酸化物（窒化物，硫化物など）	ガラス
例	セラミックス アルミナ（酸化アルミニウム Al_2O_3），酸化亜鉛（ZnO），硫化亜鉛（ZnS），チタニア（酸化チタン TiO_2），酸化ジルコニウム（ZrO_2），チタン酸バリウム（$BaTiO_3$），フェライト（Fe_3O_4）	ホウケイ酸ガラス（パイレックス，SiO_2 65-75, B_2O_3 5-12, Al_2O_3, K_2O, NaO），石英ガラス（ほぼ純粋な SiO_2）
結合	イオン結合と共有結合の中間	イオン結合と共有結合の中間
集合	固体（粉体）のものが多い．焼き固めて用いる（セラミックス，陶磁器，煉瓦など）．	液体状態（原子の配列が秩序だっていない）が流動性を失った状態で，結晶状態に到達していない準安定状態．
溶解	第1, 2族の金属酸化物は水と反応，水酸化物になる．第12族以下の金属および遷移金属の酸化物は水の中では変化しない．	
熱	一般に高温まで変化しない（高い耐熱性）．断熱性（ZrO_2）のものや高い熱伝導性（Al_2O_3, BeO）のものがある．	温度を上げていくと軟化する． 一般に熱伝導度は大きくない．石英ガラスの熱伝導度は単結晶の水晶の100分の1くらいである．
力学	圧縮に対して強い抵抗力を持つが，引っ張りに対してやや弱い．	通常のガラスは高い弾性（引っ張り，曲げ）を示すが，衝撃によって破壊されやすい．ガラスファイバーは高い引っ張り強度を持つ．
電気	一般に絶縁体ないし半導体．TiO_2, ZnO, $BaTiO_3$, CdS, ZnS などは半導体．ドープされたIn_2O_3, SnO_2 は良導体（透明）．ペロブスカイト構造を持つ $BaTiO_3$ などは強誘電体．	一般のガラスは絶縁体．導電性のガラス（SiO_2 の表面にSnO_2 の薄膜を作ったものなど）もある．
磁気	遷移金属を含むものは磁性を持つことがある． フェライト（Fe_3O_4）はフェリ磁性を示す（磁気記録材料）．	一般には磁性を持たない．
光学	単結晶は透明（AlO_3, MgO, Y_2O_3 などは光学材料：Cr, Nd などを含む単結晶はレーザー材料）．CdS, CdTePbSe などは光が当たると電気伝導性になる（光伝導性，ゼロックスコピーに利用される）．	微結晶と違って，界面がないので，透明性がよい．光学機器，ガラスファイバーの材料．石英ガラスは紫外領域まで透明．Ndなどを溶かしたガラスはレーザー材料． 高い屈折率を持つものも作れる（鉛ガラス）．
耐性	アルカリに弱い．	アルカリに弱い．
有害性	成分に毒性の高い金属や CN^- や亜ヒ酸イオンなどを含むものは有毒．廃棄のときは分別して集め，それぞれに応じた処理（再生を含めて）をする．	一般に毒性は小さい．鉛ガラスなどでも鉛が溶け出さないような条件で使えば危険はない．
再利用		融解して再利用が可能であるが，成分の違うガラスが混じるといけないので，ガラスの種類に応じた分別が必要である．

金属塩（酸化物，硫化物は別項）	金属錯化合物
塩化ナトリウム（NaCl），硫酸銅（CuSO$_4$），炭酸カルシウム（CaCO$_3$；石灰石，大理石，方解石など），硫酸カルシウム（CaSO$_4$；石膏）	金属ポルフィリン（クロロフィル，ヘム），フタロシアニンの金属錯体，Fe$_4$[Fe(CN)$_6$]$_3$（プルシャンブルー，ベルリンブルー青色色素），8-ヒドロキシキノリン金属錯体，フェロセン（[Fe(C$_5$H$_5$)$_2$]）
イオン結合	イオン結合と共有結合との共存
イオンが結晶格子を作り，結晶になりやすい．	結晶（イオン性，分子性）を作るものが多い．
水に溶けやすいものが多い．一般に有機溶媒には溶けにくい．	溶解度は様々．イオン性のものは水に溶け，共有結合性のものは有機溶媒に溶けやすい．
一般に融点，沸点が高い（イオン結合を持つ物質の特徴）．高温でも分解しにくい．結晶の熱伝導性がかなり高いものがある（ホタル石，CaF$_2$；方解石，CaCO$_3$など）．	イオン性のものは融点が高い．共有結合性のものは融点が低いものもある．加熱すると分解するものが多い．
弾性率は高いが，圧縮や引っ張りに対して強度が小さく，力を加えると砕けてしまうものが多い．しかし，石，砂，煉瓦などをつなぎ合わせる材料にも用いる（モルタル）．	イオン性のものも，分子性のものも，結晶は圧縮や引っ張りに対して弱く，力がかかると砕けてしまうものが多い．
固体は一般的には絶縁性．水溶液は電気伝導性がある．	固体は一般的には絶縁性であるが，半導性を示すものも多い．金属フタロシアニンは半導体として重要性を増しつつある．
遷移金属を含むものは磁性を持つものがある．特に，d軌道が約半分詰まったFe, Coあたりで磁性が大きい．ランタノイドを含む化合物も磁性が大きい．	遷移金属（ランタノイドを含めて）を含むものは磁性を持つ場合が多い．配位子を設計することによって，様々な磁性体を作ることができる．
遷移金属を含むものは有色のものが多い．蛍光・リン光を出すものがある．結晶の中に取り込まれた遷移金属イオンは，レーザー発振に利用される（Al$_2$O$_3$中のCr^{3+}の発光；ルビーレーザー；Nd YAGレーザー，Y$_3$Al$_5$O$_{12}$中のNd^{3+}の発光）．	有色のものが多く，色素（顔料）として重要（フタロシアニン，Fe$_4$[Fe(CN)$_6$]$_3$は安藤広重の浮世絵の青）．発光性（8-ヒドロキシキノリン金属錯体など，発光材料）．金属フタロシアニンは光伝導性（ゼログラフィーへの応用）．
Ag塩は感光性．	
成分に毒性の高い金属やCN$^-$や亜ヒ酸イオンなどを含むものは有毒．廃棄のときは分別して集め，それぞれに応じた処理（再生を含めて）をする．	成分に毒性の高い金属や毒性の高い配位子を含むものには注意する必要がある．廃棄のときは分別して集め，それぞれに応じた処理（再生を含めて）をする．

例	第 13, 14, 15, 16 族非金属元素単体 ダイヤモンド, グラファイト, C_{60}-フラーレン, カーボンナノチューブ, 炭素繊維（以上 C）, ケイ素（Si）, ゲルマニウム（Ge）, 硫黄（S）, セレン（Se）, ヒ素（As）, 酸素分子（O_2）, オゾン（O_3）	非金属，半金属間化合物 ヒ化ガリウム（GaAs, ガリウムヒ素と呼ばれることが多いが不適切な名称）, 窒化ガリウム（GaN）, 炭化ケイ素（SiC カーボランダム）
結合	共有結合	イオン結合，共有結合の中間
集合	気体, 固体（結晶, 無定型結晶）	固体（結晶, 無定型結晶）
溶解		
熱	ダイヤモンドは高温に耐え，また最も熱伝導度が高い物質である．Si, Ge も熱伝導性が高い．一方, S, Se などは熱伝導性が低い．	炭化ケイ素はダイヤモンドと同様に耐熱性, 熱伝導性が大きい．
力学	結合の性質によって，様々に変わる．炭素ダイヤモンドは最も硬い物質であるが，グラファイトは軟らかい．Si, Ge の単結晶はダイヤモンドと同じ構造をとるが，原子間の結合が弱いので，力を加えると破壊されやすい．	炭化ケイ素はダイヤモンドと同様に最も硬い物質の1つ．
電気	Si, Ge, As などは半導性．ダイヤモンドの半導体としての可能性に関心が集まっている．グラファイトは導電性（パイ結合）．フラーレン, カーボンナノチューブの電気特性にも高い関心が寄せられている．	第13族と第15族元素との化合物は第14族元素の性質に似る．GaAs は Ga と As の間にある Ge の性質に似て半導性（GaN も同じ）．
磁気	一般には反磁性．重要な例外に酸素分子（O_2）がある．常磁性で液体酸素は磁石に吸い付けられる．	一般には反磁性
光学	Se は光が当たると電気伝導性になる（光導性, ゼロックスコピーに利用される）．	GaAs などの半導体の著しい性質は，発光性のものが多いことである．発光ダイオード（GaS；赤橙, GaP；緑, (InGa) N；青）．レーザー発振も可能である．
耐性		
有害性	Se, As, P などは有毒．しかし極微量は生命維持に必要といわれている．廃棄には専門の業者に依頼する必要がある．	成分に, Se, As, P などを含むものには注意．廃棄には専門の業者に依頼する必要がある．
再利用		

非金属酸化物	炭素化合物
気体（CO_2），液体（H_2O），固体：酸化ケイ素 $(SiO_2)_n$ など．固体材料として重要なのは $(SiO_2)_n$ で，人工の水晶の単結晶は用途が広い． 岩石，陶磁器，煉瓦などの主成分は SiO_2.	**脂肪族化合物** エタン（CH_3-CH_3），エチレン（$CH_2=CH_2$），アセチレン（$CH≡CH$），エタノール（CH_3CH_2OH），アセトアルデヒド（CH_3CHO），酢酸（CH_3COOH），酢酸エチル（$CH_3COOCH_2CH_3$），アセトン（CH_3COCH_3）
イオン結合と共有結合の中間	共有結合（シグマ結合）
気体，液体，固体	気体，液体，固体
CO_2, SO_2 は分子で水に溶ける．SiO_2 は3次元に広がった重合体で，水に溶けない．	有機溶媒に溶ける．OH, COOH, SO_3H などを持つものは水にも溶ける．
水晶：石英 $(SiO_2)_n$ は融点が高く，高温まで形が変わらない．単結晶の熱伝導度はかなり高い（石英ガラスの熱伝導度は低い）． 熱膨張率が小さく，広い温度範囲で性能が変わらない．	固体のものも，加熱すれば，融解し液体になり，また揮発して気体になる． 固体は熱を伝えにくい． 高温で熱分解する．
$(SiO_2)_n$（水晶，石英）は硬く，高い弾性率を持つ．薄片は温度によって変わらない振動をするので，一定の振動を作るのに用いる（水晶発振器）．しかし衝撃に弱く，破壊される．	一般には固体のものでも，分子同士の引力が弱いので，力を加えると簡単に砕ける．弾性，可塑性ともに小さい．
一般に絶縁体ないし半導体． $(SiO_2)_n$（水晶，石英）は絶縁体． ZrO_2（ジルコニア）：イオン伝導体（固体電解質），酸化タンタル：強誘電体（薄膜コンデンサー）	一般には絶縁体．酒石酸カリウムナトリウム（ロッシェル塩）は強誘電体．
一般には反磁性．一般に外殻に不対電子を持つ分子は室温で安定に存在しないが，NO は不対電子を持ちながら安定で，常磁性．	一般には反磁性
石英，水晶は可視光だけではなく紫外光に対し透明（レンズ，プリズムなどの光学器械に使われる）． TiO_2（チタン白）：顔料，反射剤	無色（可視領域に吸収がない）のものが多い．しかし，長い共役系を持ったニンジンの色素カロテンは赤色（動物の眼の中の感光色素になっている）．
石英，水晶は高温に耐え，空気中でも極めて堅牢．アルカリにはやや弱い．	酸化などを受け，大気中では劣化する．
CO は強い毒性を持つ．窒素酸化物，硫黄酸化物の有害性が問題になっている．CO_2 の地球温暖化効果も重大な問題である．	食料，ビタミンのように生命維持に欠くことのできないもの，医薬，農薬などから有毒のものまで様々．一つ一つの物質について判断する必要がある．

	炭素化合物	有機高分子化合物
例	芳香族化合物 ベンゼン,トルエン,ナフタレン,フェノール,アニリン,テレフタル酸,サリチル酸	人工のもの:ポリエチレン,ポリ(塩化ビニル),ポリ(エチレンテレフタレート)(PET),ナイロン(ナイロン6,ナイロン66),天然のもの:タンパク質,セルロース,天然ゴム,遺伝情報伝達物質(DNA,RNA)
結合	共有結合(シグマ結合,パイ結合)	共有結合
集合	液体,固体	長い分子が絡み合って,無定形の固体になっているものが多い.
溶解	有機溶媒に溶けやすい.—OH,—COOH,—SO$_3$H などを持つものは水に溶ける.	有機溶媒にはある程度溶けるものがある.
熱	固体のものも,加熱すれば,融解し液体になり,また揮発して気体になる. 固体は熱を伝えにくい. 高温で熱分解する.	人工有機高分子化合物の多くは,加熱すると軟化し,可塑性が高くなり,この状態で成形する.高温では分解する. 熱伝導性の小さいものが多い.
力学	一般には固体のものでも,分子同士の引力が弱いので,力を加えると簡単に砕ける. 弾性,可塑性ともに小さい.	人工有機高分子化合物の多くは,低分子化合物と違い,ガラス状態で固化しているので,可塑性があり,引っ張り,曲げなどに柔軟に適応する.ゴムは特殊で,高い弾性を示し,それに応じた用途が広い.
電気	一般には絶縁体だが,ベンゼン環が多数縮合した化合物は半導性.ベンゼン環が平面上で無限につながったグラファイトは電気をよく伝える.	一般には絶縁体 ポリアセチレン,ポリフェニレン:導電性
磁気	一般には反磁性	一般には反磁性
光学	共役系を設計することによって,どのような色の化合物でも作り出すことができる(色素,染料,顔料).また,いろいろな色の光を出す蛍光物質も作れる(発光体).レーザー発振も可能(色素レーザー).	共役系を組み込むことによって,どのような色の化合物でも作り出すことができる.また,いろいろな色の光を出す蛍光物質も作れる.
耐性	空気中で劣化しやすい(光によって開始される酸化).	空気中で劣化しやすい(光によって開始される酸化).
有害性	食料,ビタミンのように生命維持に欠くことのできないもの,医薬,農薬などから有毒のものまで様々.一つ一つの物質について判断する必要がある.	食料,ビタミンのように生命維持に欠くことのできないもの,医薬,農薬などから有毒のものまで様々.一つ一つの物質について判断する必要がある.
再利用		実用の人工高分子は複合系で使われているので,再利用に問題があるが,単一の高分子を使い,分別をよくすれば再利用も可能(例:PET).

索　引

ア
アモルファス　107
アモルファス合金　126

イ
イオン化傾向　38
イオン結合　53
イオン結晶　82
色　93
　化合物の——　95
　原子の——　49
　分子の——　94
引火物　179

ウ, エ
運動エネルギー　86
永久磁石　162
液晶　104
液晶ディスプレイ　105
液体　97
炎色反応　50
延性　85
エントロピー　153

オ
温度（→ 熱的特性）
　45, 86
　気体の——　86
　原子の——　46, 86
　固体の——　87
　分子の——　86

カ
カーボンナノチューブ
　117
回転の運動エネルギー
　86
化学の進歩　7
価電子　35
可燃物　179
価標　56
ガラス　101, 120
ガラス繊維　118
環境汚染　177
岩石　132

キ
気体　97
基底状態　31
軌道の混成　68
急性毒性物質　179
強酸性物質　179
共役　63
共有結合　54
——の分極　64
共有結合性結晶　79
強誘電体　157
金属間化合物　126
金属結合　67, 82
金属結晶　82
金属疲労　173

ケ
傾斜機能材料　137
結合性軌道　59
ケブラー　116
原子　16
原子核　16
原子番号　17
元素　18

コ
光学的特性（光の吸収・
　光の放出）　48, 93,
　148
合金　126
格子欠陥　151
構造式　58
高分子化合物　109
黒曜石　132
固体　99
ゴム弾性　152
コレステリック液晶
　104

サ
最外殻　22
材料　3

シ
磁化　161
磁気的特性（磁性）
　13, 46, 92, 146, 160
　原子の——　46
　電子の——　13
磁気量子数　27
磁区　161
シグマ結合　60, 90
自然発光　166

索引

周期　38
周期表　37
周期律　30,35
自由電子　67
主量子数　27
シュレーディンガーの
　波動方程式　21
振動の運動エネルギー
　86

ス

水素結合　98
砂　134
スピン量子数　28
スメクティック液晶
　104

セ, ソ

石英　102
石英ガラス　102
絶縁破壊　174
セメント　121
セラミックス　120
セルロース　110,129
繊維強化金属　136
遷移元素　37
素材　2

タ

耐候性　174
炭素繊維　116
タンパク質　110,131

チ, ツ

地球温暖化　177
チタン酸バリウム　159
中性子　16

超伝導体　153
土　134

テ, ト

ディスコティック液晶
　104
鉄筋コンクリート　135
電気陰性度　39
電気素量　11
電気的特性　13,89,144,
　153
電気伝導　46,89,144
　イオン結晶の――　92
　共有結合性結晶の――
　　89
　金属（結晶）の――
　　67,89
　結合による――　89,
　　90
　原子の――　46
　電子の――　13
　半導体の――　155
典型元素　37
電子　11,16
　――の運動　18
　――の存在確率　25
　――の分布　25
電子殻　21
電子配置　30
展性　85
デンドリマー　112
同位体　17

ナ, ニ

内核　21
ナイロン6　110
ニューガラス　124

ネ

熱的特性　44,86,142
熱伝導　46,87,142
　気体分子の――　87
　共有結合性結晶の――
　　88
　金属結晶の――　88
　結合による――　88
　原子の――　44
　電子の――　88
　分子結晶の――　88
ネマティック液晶　104
粘土　134

ハ

配位結合　65
パイ結合　60,91
爆発物　179
パスカルの法則　100
発火物　179
発光（光の放出）　49,
　140,164
発光ダイオード　167,
　169
波動関数　21
波動方程式　21
反結合性軌道　59
半導体　155
半導体レーザー　170
バンドギャップ　168

ヒ

光起電性　167
光記録　172
光の吸収　93,149
　分子による――　93

光の放出（発光） 48,
　　148, 164
　　原子による —— 48
　　半導体における ——
　　　167, 170
　　有機 EL による ——
　　　171
光劣化　174

フ

ファインセラミックス
　　124
ファン・デル・ワールス
　　力　81
フェリ磁性　163
複合材料　135
腐食性物質　179
不対電子　92
物質構造の階層性　6
物質波　19
フラーレン　117
分極　64
分子　80
分子結晶　80
フントの則　31

ヘ

閉核構造　22
並進の運動エネルギー
　　86
ヘミセルロース　129

ペロブスカイト型構造
　　159
ベンゼン環　63

ホ

ボイル・シャルルの法則
　　45
方位量子数　27
放射線　179
ポリエチレン　116
ポリマー　110
ポリマーアロイ　119

マ，モ

慢性毒性物質　179
木材　129
モノマー　110

ユ，ヨ

有機 EL　170
陽子　16

リ

力学的特性　83, 140, 150
　　イオン結晶の —— 84
　　液体の —— 100
　　気体の —— 100
　　共有結合性結晶の ——
　　　83
　　金属結晶の —— 84
　　結合による —— 83

　　原子の —— 44
　　高分子化合物の ——
　　　115
　　固体の —— 100
　　ゴムの —— 152
　　複合材料の —— 135
　　分子結晶の —— 85
リグニン　129
量子数　27
量子力学　14, 19

レ

励起状態　31, 49
レーザー　164
レーザー発光　166

欧字など

CVD 法　107
d 軌道　23
f 軌道　23
KS 鋼　128
LED　167
MRI　164
NMR　164
PET　110
p 軌道　23
s 軌道　23
sp 混成軌道　69
sp^2 混成軌道　72
sp^3 混成軌道　74

著者略歴

杉森 彰（すぎ もり あきら）

1933 年	東京に生まれる
1956 年	東京大学理学部化学科卒業
1958 年	同大学院修士課程修了
	日本原子力研究所研究員
1963 年	上智大学助教授
1972 年	同 教授
1999 年	同 名誉教授

著 書 「有機化学概説（増訂版）」「演習 有機化学（新訂版）」（以上，サイエンス社），「化学実験の基礎知識」（共著）「化学と物質の機能性」（以上，丸善），「有機光化学」「基礎有機化学」「光化学」「化学をとらえ直す—多面的なものの見方と考え方—」「化学薬品の基礎知識」「物質の機能を使いこなす—物性化学入門—」「Catch Up 大学の化学講義—高校化学とのかけはし—」（以上，裳華房）

物質の機能からみた 化学入門

2009 年 9 月 20 日　第 1 版 1 刷発行
2015 年 1 月 30 日　第 1 版 5 刷発行

検印省略

定価はカバーに表示してあります．

著 者	杉森 　彰
発行者	吉野 和浩
発行所	東京都千代田区四番町 8－1
	電 話 東 京 3262-9166（代）
	郵 便 番 号 102-0081
	株式会社 裳 華 房
印刷所	株式会社 真 興 社
製本所	株式会社 松 岳 社

社団法人 自然科学書協会会員

JCOPY 〈(社)出版者著作権管理機構 委託出版物〉

本書の無断複写は著作権法上での例外を除き禁じられています．複写される場合は，そのつど事前に，(社)出版者著作権管理機構（電話03-3513-6969, FAX03-3513-6979, e-mail: info@jcopy.or.jp）の許諾を得てください．

ISBN 978-4-7853-3083-5

© 杉森 彰, 2009　　Printed in Japan

化学の指針シリーズ

化学環境学	御園生　誠 著	本体 2500 円＋税
生物有機化学 －ケミカルバイオロジーへの展開－	宍戸・大槻 共著	本体 2300 円＋税
有機反応機構	加納・西郷 共著	本体 2600 円＋税
有機工業化学	井上祥平 著	本体 2500 円＋税
分子構造解析	山口健太郎 著	本体 2200 円＋税
錯体化学	佐々木・柘植 共著	本体 2700 円＋税
量子化学 －分子軌道法の理解のために－	中嶋隆人 著	本体 2500 円＋税
超分子の化学	菅原・木村 共編	本体 2400 円＋税
化学プロセス工学	小野木・田川・小林・二井 共著	本体 2400 円＋税

理工系のための 化学入門	井上正之 著	本体 2300 円＋税
一般化学（三訂版）	長島・富田 共著	本体 2300 円＋税
化学の基本概念 －理系基礎化学－	齋藤太郎 著	本体 2200 円＋税
基礎無機化学（改訂版）	一國雅巳 著	本体 2300 円＋税
無機化学 －基礎から学ぶ元素の世界－	長尾・大山 共著	本体 2800 円＋税
生命系のための 有機化学 I －基礎有機化学－	齋藤勝裕 著	本体 2400 円＋税
結晶化学 －基礎から最先端まで－	大橋裕二 著	本体 3100 円＋税
新・元素と周期律	井口洋夫・井口 眞 共著	本体 3400 円＋税
基礎化学選書2　分析化学（改訂版）	長島・富田 共著	本体 3500 円＋税
基礎化学選書7　機器分析（三訂版）	田中・飯田 共著	本体 3300 円＋税
量子化学（上巻）	原田義也 著	本体 5000 円＋税
量子化学（下巻）	原田義也 著	本体 5200 円＋税
ステップアップ　大学の総合化学	齋藤勝裕 著	本体 2200 円＋税
ステップアップ　大学の物理化学	齋藤・林 共著	本体 2400 円＋税
ステップアップ　大学の分析化学	齋藤・藤原 共著	本体 2400 円＋税
ステップアップ　大学の無機化学	齋藤・長尾 共著	本体 2400 円＋税
ステップアップ　大学の有機化学	齋藤勝裕 著	本体 2400 円＋税

裳華房ホームページ　http://www.shokabo.co.jp/　　2015 年 1 月現在